本书由中国科协创新战略研究院“我国西北地区建设草种子专业化生产带可行性研究，2019”项目资助出版

西部六省区建设国家草种专业化生产带研究

李寿山　朱进忠　毛培胜　李克昌　主编

中国科学技术出版社
·北　京·

图书在版编目（CIP）数据

西部六省区建设国家草种专业化生产带研究 / 李寿山等主编 . -- 北京：中国科学技术出版社，2022.8
ISBN 978-7-5046-9361-7

Ⅰ. ①西… Ⅱ. ①李… Ⅲ. ①牧草—栽培—西北地区 Ⅳ. ① S54

中国版本图书馆 CIP 数据核字（2021）第 257169 号

审图号：GS（2022）1685 号

策划编辑 王晓义
责任编辑 王晓义
封面设计 郑子玥
正文设计 中文天地
责任校对 焦 宁
责任印制 徐 飞

出 版 中国科学技术出版社
发 行 中国科学技术出版社有限公司发行部
地 址 北京市海淀区中关村南大街 16 号
邮 编 100081
发行电话 010-62173865
传 真 010-62173081
网 址 http://www.cspbooks.com.cn

开 本 720mm × 1000mm 1/16
字 数 200 千字
印 张 14
版 次 2022 年 8 月第 1 版
印 次 2022 年 8 月第 1 次印刷
印 刷 涿州市京南印刷厂
书 号 ISBN 978-7-5046-9361-7 / S · 785
定 价 89.00 元

中国科协创新战略研究院智库成果系列
丛书编委会

本书编委会

内 容 简 介

本书从研究我国建设现代草种业的可行性入手，通过对西部地区草种业发展现状的分析、论证，提出了在我国新疆维吾尔自治区、甘肃省、陕西省、宁夏回族自治区、内蒙古自治区和青海省六省区建设国家草种生产带的战略思路，同时对产业建设的可行性、建设目标、建设思路与产业发展模式、草种生产基地区域布局等进行了较深入的研究。认为在我国西部六省区具备建设国家专业化草种生产带的基础；建设国家专业化草种生产带，逐步实现草种国产化，“中国草用中国种”是解决种源“卡脖子”问题、实现国家草业安全重大战略部署的重要措施。在我国，草种业是一项极具发展潜力的朝阳产业。

本书可供相关部门领导及研究人员参考。

序

习近平总书记强调指出“山水林田湖草是生命共同体”。作为山水林田湖草六大体系之一的“绿色草”，不仅是畜牧养殖业发展之根本，也是我国生态体系建设六要素中不可或缺的部分。

近年来，为加快我国牧草业发展，国家不断深化农业种植结构调整，粮改饲、退林还草等政策逐步落实，使优质饲草产品生产、高效畜牧业取得长足发展。优质畜产品大量供应市场不但满足了人民对食物安全和膳食结构改善的生活需求，而且为实现藏粮于草、减少粮食日常消费的战略目标奠定了基础，对保障我国“食物安全、生态安全、环境安全”作出了积极贡献。

优质、安全的草产品源于优质草种业。进入21世纪，随着畜牧养殖业的迅速发展，种子需求量呈现急剧增长态势。在我国的草种自给率不足15%的情况下，草种进口量急剧上升。2003年进口量为2万t，2020年进口量达到6.5万t。我国牧草种子对国外市场的依存度已经超过50%。其中，部分优良草种为70%～80%，生态用种超过90%。草种业已成为我国畜牧养殖业、奶业和绿色生态建设的瓶颈。加快草种业建设步伐，提高优质草种生产量，逐步实现专业化和国产化，是缓解供需矛盾和草种业健康、安全发展的长久之计。值得欣慰的是，我国草种业领域一批优秀的科学家几十年来坚持不懈、孜孜以求，在我国草业和草种业科学研究上作出了卓越贡献，他们的研究成果为我国科学、合理地规划与实施草种业建设提供了坚实的理论支撑。

为深入贯彻2019年中央一号文件关于“加快选育和推广优质草种”的精神，在中国老科学技术工作者协会的组织与指导下，中国科协创新战略研究院特设“我国西北地区建设草种子专业化生产带可行性研究”项目，由新疆老科学技术工作者协会牵头，联合内蒙古自治区、宁夏回族自治区、甘肃省、陕西省、青海省等省区老科学技术工作者协会和部分高校与科研单位的40余名专家组成课题组，深入六省区实地调研，倾听各方面的意见，掌握翔实的第一手资料，在专家、学者充分讨论、深入研究的基础上，形成了《西部六省区建设国家草种专业化生产带研究》报告。该报告建议要以科技为先导，激励源头创新，在种子生产关键技术、质量控制技术、收获加工技术等方面强化开拓与创新，建立一套适宜于专业化种子生产的先进技术体系；以龙头企业扶持为核心，加大政策及资金扶持力度，完善草种产业化经营机制，提升草种产业化整体水平；以区域气候资源条件为基础，充分发挥区域水、土、光、热资源优势，科学规划和确定适宜种子生产的区域，建设种子生产核心区，打造我国草种生产之都；以品种保护利用为前提，加快推进种子生产认证制度，建立品种种子质量的可追溯体系，保护生产者的合法权益；建立以乡土草种为主的种子扩繁优势区域，提升草种业的核心竞争力，为草种业国产化和国家种业战略安全奠定基础。本书即为上述重大决策咨询成果的凝练，也是专家学者心血和智慧的结晶，对推动我国草种业的发展极具参考价值。

谨以此序祝贺本书的出版。

陈至立

2021年6月22日

前　言

草种是发展现代畜牧业、退化草地生态系统修复、种植业结构调整、城镇绿地建设的物质基础和基本材料，与粮食作物、经济作物一样，对保证食物安全、稳定生态环境、持续发展经济具有同等重要的地位。草种业是种业的重要组成部分，是国家战略性、基础性产业。当前，我国正在大力推进生态文明建设、加强草原保护、实施农业结构调整、积极发展草牧业，这在客观上要求必须有发达的草种业作为坚实的支撑。党中央、国务院高度重视种业发展，先后做出一系列重要部署。“十三五”规划也明确提出要大力发展现代种业。2019年中央一号文件关于“加快选育和推广优质草种”和2020年中央经济工作会议关于“解决好种子和耕地问题”的英明决策，正是在国际贸易形势多变的情况下解决我国“食物、生态、环境安全”问题的重大战略部署。

进入21世纪以来，全球生态安全成为人类关注的焦点，世界各国均把生态安全、可持续发展放在突出地位。作为发展中的大国，我国高度重视生态环境，2000年年底颁布的《全国生态环境保护纲要》中，明确提出了维护国家生态安全目标，将国家生态安全提高到与国防安全、国家政治安全、人民食物安全的战略地位。目前，我国正在大力开展生态文明建设、推进草原生态保护修复、实施农业结构调整、积极发展草食畜牧业，这在客观上要求必须有发达的草种业作为坚实支撑。长期以来，由于对发展草种业重视不够，草种产业一直是我国种业发展的一块短板。目前，草地建设所需各类用种严重依赖国外进口，发展草牧业、草原生态环境保护、国土绿化和美化建设等有受制于人的潜在风险。减轻对国外草种子的过度依赖，实现“中国草用中国草种”“中国人的饭碗牢牢端在自己手上”。针对当前草种业发展的瓶颈，提出建设西部专业化草种生产带，打造中国草种之都，筑牢草种业发展的基础，是促进草种业和农业供给侧结构性改革的内在要求，是解决我国畜牧业、生态和绿化用种的战略举措。

基于此，从2018年起，为了解我国草种业发展现状、准确把握现存问题，在中国老科学技术工作者协会的组织、指导和中国科协创新战略研究院的资助下，由新疆老科学技术工作者协会牵头，联合内蒙古自治区、宁夏回族自治区、甘肃省、陕西省、青海省老科学技术工作者协会和部分高校、科研单位，针对我国草种主产区的西部六省区，就草种业发展现状、在该地带建立国家草种产业带的可行性开展了全面调查研究，在此基础上形成了《西部六省区建设国家草种专业化生产带研究》一书。全书分为7章，第一章为我国草种产业发展现状与建设可行性研究，从国家层面阐述与探讨了我国草种业的发展、运营现状和建立草种专业化生产带的可行性；第二章至第七章以省区为单元，分别论述了六个省区草种业的发展、运营现状和建立草种专业化生产带的可行性。

本书第一章由毛培胜、朱进忠等撰写，第二章由隋晓青、谢开云等撰写，第三章由鱼小军、尹国丽等撰写，第四章由曹社会、何学青等撰写，第五章由李克昌、伏兵哲等撰写，第六章由赵和平、刘芳等撰写，第七章由刘文辉、贾志锋等撰写。全书由李寿山、朱进忠、毛培胜、李克昌统稿，张鲜花、谢开云、隋晓青负责数据、图片整理与书稿的校核等工作。

本研究的开展与成果的取得，得到中国老科学技术工作者协会、中国科协创新战略研究院、新疆老科学技术工作者协会、甘肃省老科学技术工作者协会、宁夏老科学技术工作者协会、陕西省老科学技术教育工作者协会、内蒙古老科学技术工作者协会与甘肃农业大学草业学院、新疆农业大学草业与环境科学学院、中国农业大学草业科学与技术学院、西北农林科技大学草业与草原学院、青海大学畜牧兽医科学院、宁夏农林科学院植物保护研究所、内蒙古草都饲草料研究院的支持与资助，新疆老科学技术工作者协会在研究工作期间给予了全力支持，在此一并表示诚挚的感谢。本书在编写过程中参考和引用了国内外一些学者的研究成果，在此表示感谢。由于研究时间、研究水平等限制，不足之处在所难免，希望各位同人不吝赐教。

目 录

CONTENTS

第一章 我国草种产业发展现状与建设可行性研究

一、建设国家“草种专业化生产带”现状分析

我国天然草原分布广泛，面积达3.92亿hm^2。放牧利用是传统草原畜牧业生产的主要方式，但受沙化、退化、盐碱化影响，草原生产力水平下降明显，产草量减少了30%～50%（毛培胜等，2016）。由此造成的生态环境破坏、草原畜牧业生产水平降低已经严重影响到国民经济发展和农牧民的正常生活，这种现象在北方干旱半干旱地区尤为突出。《全国生态环境建设规划》提出2011—2030年我国将新增人工草地、改良草地8000万hm^2。党中央提出“山水林田湖草生命共同体”理念，草原的生态功能受到更多的关注，草原生态治理也是各级政府部门的长期任务。我国牧草种子平均产量为320～400 kg/hm^2，与草地畜牧业发达国家相比存在很大差距，无论数量和质量都不能满足我国草业发展和草原生态环境建设对种子的需求。因此，适合逆境条件种植的牧草种子生产则是退化草原、草地植被恢复成败的关键。针对我国现代草业发展和草原生态建设需求，建立国产草种子生产体系，是实现种业国产化、现代化的核心。

20世纪50年代，我国就开展了牧草种子生产工作，但缺少专业化种子生产田，大量种子主要通过牧草生产田或野生植物种子的收集获得。进入21世纪，退牧还草、天然草原改良、草原生态保护补助奖励机制等草地建设工程相继开展，对种子生产技术和产量水平要求更高。同时，随着人工种草规模增长和饲草新品种推广的需求，种子也由野外收集转向专业化生产。

（一）草种基地建设及运行现状

我国牧草种子生产起步虽然较晚，但发展很快，尤其是近20年草种产业有了较快的发展。

在20世纪50年代，我国就建立了20多个草籽繁殖场，但由于初建，种子产量低、生产效益有限。20世纪80年代以来，草种产业进入了一个新的发展阶段，国家要求健全良种繁育体系、实行“四化一供”的种子工作方针。1989年，全国有兼用牧草种子田33万 hm^2，年产草种子2.5万t。1995年启动实施“种子工程”，掀开了我国种业发展的新篇章。在四川省、贵州省、青海省、内蒙古自治区、甘肃省等地建设种子生产基地。2001年，牧草种子生产田面积达到15.7万 hm^2，种子生产量7.1万t。进入21世纪，退牧还草、天然草原改良、草原生态保护补助奖励计划等草地建设工程相继开展，对种子生产水平的要求更高。2000—2003年，国家先后投资8.86亿元在内蒙古自治区、新疆维吾尔自治区等19个省区建设繁种基地76个，建成草种子生产田7.4万 hm^2。2000—2017年，通过国家农业综合开发草种繁育专项，中央投资3亿余元，建成繁育基地150余个，涉及内蒙古自治区等26个省区。到2017年全国草种子田总面积9.7万 hm^2，生产种子8.4万t，且主要产区集中在甘肃省、青海省、内蒙古自治区、四川省等地，种子生产总量占到全国的76.8%。

种子生产基地涉及的牧草种类较多，包括紫花苜蓿、沙打旺、红豆草、猫尾草、红三叶、羊草、驼绒藜、碱茅、无芒雀麦、星星草、多花木兰、多年生黑麦草、鸭茅、高羊茅、光叶紫花苕、老芒麦、非洲狗尾草、白三叶、臂形草、狗尾草、沙拐枣、冰草、细枝岩黄芪、白沙蒿、柠条、中华羊茅、冷地早熟禾、垂穗披碱草、燕麦、甘草、苏丹草、木地肤、伊犁绢蒿、象草、柱花草、胡枝子、多花黑麦草、杂交狼尾草、宽叶雀稗、小冠花等51个优良草种。这些基地的建设，为全国生态环境建设和草产业发展提供了重要的物质保障，在一定程度上缓解了生态治理、饲草生产等政策实施中种子缺乏的困境。

在我国草种子生产组织和运行方面，经历了以政府、农户、企业为主的组织生产和运行管理方式。长期以来，草种子生产通常作为饲草生产的副产品，尤其是苜蓿、羊草等牧草，其传统留种方式都是以植株生长整齐、产量高的草田留作种子田，在种子成熟时进行收获。随着我国社会与经济改革的不断深入和发展，草种业市场迅速活跃和扩大，以企业为主的专业化生产成为主体。企业生产以市场为导向，根据市场需求确定种子生产目标，向市场提供种子，实行自主经营、自负盈亏。企业生产的优势在于拥有自己的种子基地，有自己的种子田，企业根据市场需求可以进行科学合理的种植规模调整，进行专业化、规模化生产。近年来，随着国家“粮改饲”“草牧业”等重大战略政策实施，以苜蓿、燕麦、杂交狼尾草等为主的种子市场供不应求，苜蓿和燕麦等种子生产基地发展势头看好。苜蓿、燕麦、杂交狼尾草等种子生产基地主要位于内蒙古自治区西部地区、宁夏回族自治区、甘肃省、青海省、新疆维吾尔自治区、广西壮族自治区、海南省等省区。此外，以老芒麦、披碱草、羊草、草地早熟禾、羊茅等多年生禾草为主的种子生产基地也为草原生态建设提供了大量种子。以禾草为主的种子生产基地主要集中于内蒙古自治区、河北省、青海省、四川省等省区。在基地的运行和管理过程中，由于缺乏持续的投入和相关政策的支持，企业的市场竞争力不足，存在种子产量低、经济效益差等问题。此外，种子生产基地仍存在规模小、品种单一、管理不规范、运行管理成本高、抵御市场风险能力低等问题。

（二）草种经营主体建设及经营现状

伴随草种子生产，草种子经营也呈现出政府组织、农户交换、商贩组织、企业组织等形式。随着我国市场化程度加强，以政府组织为主体的经营方式逐渐转变为以商贩、企业经营为主。我国草种子企业组织经营始于20世纪90年代初。经营企业的数量随着草产业发展也在迅速增长。企业通过代理美国、丹麦、加拿大等国家种子公司的牧草或草坪草种子销售，在草地早熟禾、高羊茅、多年生黑麦草、白三叶和紫花苜蓿等重要草种优良品种引进和国内乡土草种种子市场流通方面发挥积极作用，为我国生态治理、畜牧业发展、水土保持、园林绿化和运动场建设等种子需求提供了重要支持。在农村牧区以商贩经营为主，通过超市、集市进行草种子经销。虽然经营量难以成规模，但也是市场流通过程中不容忽视的环节。此外，随着我国网络平台和大数据技术迅速发展，电商平台和网络销售成为当今迅速崛起的营销方式，成为带动种子市场经营的新增长点。

根据社会发展阶段不同，草种子经营组织在市场中所起的主导地位也不同。草种子在市场贸易中所占比例很低，难以得到政府部门的高度重视，表现在相关政策规章的制定不配套，市场监管不力。在种子市场中，受进口草种种子冲击影响大，牧草用种子的50%～80%依赖进口，生态建设用种子以国产种子为主，绿化用种子绝大多数为进口种子。其中，草地早熟禾、多年生黑麦草和高羊茅种子是进口的主要种子。在草种经营过程中，由于法律法规的局限和政府监管的忽视，存在着市场投机、混乱等问题，种子质量和品种真实性无法保障。此外，草品种保护措施和专业化种子生产技术不规范，企业或个人可通过自己留种子来满足生产需求；新品种的优良特性受生产技术水平的限制，其产量有限而难以满足草产业规模化发展的需求。尽管具有较高的市场价格，但对其品种真实性评价的不确定性，也成为影响种子正常经营的重要因素。

（三）草种供求现状

进入 21 世纪，随着我国种植业结构调整、草食畜牧业发展带动，尤其是“振兴奶业苜蓿发展行动”启动，苜蓿产业得到了快速发展。2015—2017 年中央一号文件中，均强调苜蓿种植生产，对苜蓿产业的振兴提出新的要求。据统计，2017 年我国苜蓿种植面积达到 415 万 hm^2，主要在新疆维吾尔自治区、甘肃省、陕西省、内蒙古自治区，占全国苜蓿种植面积的 71.5%，尤其在内蒙古自治区阿鲁科尔沁旗、甘肃省定西市形成以苜蓿为主的草产业新业态（李新一、王加亭，2018）。随着我国种植业和畜牧业产业结构的调整，天然草原改良和优质牧草种植面积迅速扩大，对牧草种子的需求呈逐年上升趋势。2015—2017 年连续 3 年的中央一号文件提出，发展草牧业、培育现代饲草料产业体系，以苜蓿为主的种子需求迫切。尤其是在黄土高原丘陵沟壑地区、盐碱地改良地区、瘠薄沙地等的土壤条件下，苜蓿产业化种植规模呈现快速增长。自 2008 年以来，苜蓿种子进口量激增，到 2019 年增长超过 10 倍。2017 年，全国苜蓿种子田面积 3.82 万 hm^2，生产种子 1.2 万 t（李新一、王加亭，2018）。尽管进口苜蓿种子规模增长迅速，但受我国干旱半干旱地区气候条件限制，进口品种的种植生长和返青表现受抗逆性影响，无法发挥其品种优势。此外，在对退化天然草原的改良中，也需要扁蓿豆、黄花苜蓿等抗寒品种，而这些品种的种子难以通过进口解决。国产苜蓿品种在适应性、抗逆性方面表现较好，但种子产量水平、质量状况难以满足规模化饲草生产和草地改良要求。因此，针对品种需求进行不同品种规模化生产，将有助于抗逆高产新品种推广，是实现草种子国产化的重要前提。

我国草种子供求关系随着草地种植和种子市场规模而变化。受草产业发展波动影响，我国草种子供求关系也呈现出明显的阶段性特征。在 20 世纪 90 年代初期，草种子进出口规模较小，均不超过 1000 t。进入 21 世纪，我国草种子需求量急剧增长，2003年进口量达到2万t，2005年出口量也将近1万t，达到历史的高峰。此后出口量呈下降趋势，而进口量呈波动性上升态势，呈现整体净进口状态，且贸易逆差呈扩大趋势。到2010年，进口量上升至3.41万t，出口量却下降至0.19万t。2019年，我国草种子年进口量为5.13万t，连续3年进口种子量超过5万t，这与2015年国家启动草牧业和粮改饲试点项目，饲用燕麦、青贮玉米和饲用甜高粱等一年生禾草种子使用量增长有关。进口的草种子主要包括紫花苜蓿、黑麦草、羊茅、三叶草、草地早熟禾等种子。草种子进口量最多的是黑麦草种子，占总进口量的60%左右；紫花苜蓿种子仅占5%左右。我国草种子对国外市场的依存度为50%以上，且近年来呈不断上升趋势。

在当前国际贸易竞争激烈的背景下，草种子市场的变化和波动较小，草种子进口量将呈现持续稳定的状态。但随着我国机构改革的深入和规范，林草事业的融合发展，对草原生态建设的任务将会呈现快速增长趋势，未来一段时间以乡土草种为主的种子市场需求将凸显，并且供求紧张的状况将会持续。因此，加强国产草种子专业化和规模化生产水平，提高自有品种科技成果转化率，也将是草种业发展面临的一项严峻挑战。

（四）建设草种产业的技术储备

草种子专业化生产是一项高度集成的技术应用体系，不仅能提高种子质量和种子生产的科技含量，还能提高草种子商品化程度和规模效益。因此，根据生态、经济、技术条件因地制宜地确定种子专业化生产适宜区域，积极采用科学规范的种子生产技术，将优良品种、适宜的区域气候条件与科学的种植管理技术有效集成在一起，实现生产种子的优质和持续高产，才能为草种业国产化和专业化奠定基础。在牧草种子生产实践中，包括播种时间、播种量、施肥种类、施肥量、施肥时间、杂草控制、灌溉方式、收获时间和方法等，一直都是种子生产者所关注的重要管理环节。随着草种子科学理论与技术研究不断深入，各项技术推广应用均可使种子产量得到一定程度的提高，也可为草种业持续健康发展提供有力支持。

1. 草新品种选育登记数量持续稳定，为专业化种子生产奠定了基础

草品种是草产业发展的重要基础，与国家经济建设和可持续发展密切相关，是我国草业可持续发展的重要基石。草新品种审定工作自 1987 年开始，至 2019 年共审定登记 583 个新品种。其中，育成品种 216 个，引进品种 175 个，地方品种 62 个，野生栽培品种 130 个。我国草品种审定登记数量持续增加，平均每年审定通过 17 个，以豆科和禾本科牧草为主，为推动草种子专业化生产提供了品种保障。

2. 草种子生产的地域性理论

由于草种子生产和饲草生产对牧草生长环境条件要求不完全相同，尤其是在我国地域辽阔、气候多样的条件下，同一种牧草在不同地区的种子产量变化很大。草种子生产过程中植株生长的物候期要与地区气候条件相适应，如牧草生殖生长阶段多光少雨、种子收获期避开雨季等，才有利于种子生产。

针对大多数草种子生产的气候条件，适宜我国草种子生产的区域包括长江以北除了西藏的绝大部分地区。但是，现有的种子田主要分布区域位于我国农牧交错地带，年平均降水量大部分在 380 mm。该地区为独特的东亚季风气候，干湿波动幅度大于温度变化幅度。通过地域性理论研究与总结，确定在我国北方有灌溉条件的半干旱和干旱区域均适合种子生产。经过多年的生产实践，牧草种子生产集中地域已经初步形成。以苜蓿种子为主的温带牧草种子生产集中在内蒙古自治区、甘肃省、新疆维吾尔自治区等西北地区，杂交狼尾草、柱花草等热带牧草种子生产位于广西壮族自治区、海南省等南方地区。甘肃省、内蒙古自治区、青海省是主要草种子生产区域，这三省区生产了国内 68% 的草种子，苜蓿、燕麦、苏丹草、

披碱草和箭筈豌豆是主要草种，其中苜蓿和燕麦也是目前国内生产最多的种类（毛培胜和陈志宏，2018）。

3. 草种子发育与水分生理研究

种子的形成发育过程是指从受精卵细胞即合子开始，直到种子完全成熟而经历的一系列变化。牧草从开花受精到种子成熟所经历的时间与发生的物质代谢，呈现出相似的变化趋势，即种子体积增大、干物质增加并且种子重量增至一定程度就停止；含水量由高到低逐渐下降。但由于牧草种类和所在地区的不同，种子发育期间水分、质量和生理代谢变化动态并不一致。因此，针对种子生产区域环境条件和种植牧草种类，掌握和了解牧草种子发育的生理生化变化规律，将对种子生产田间科学管理、适时收获提供理论依据。

研究表明，在缘毛雀麦、蒙古冰草、冰草、老芒麦和披碱草种子发育期间，含水量逐渐下降，表现出 3 个阶段性变化的规律。同时，种子含水量与种子产量、质量具有良好的相关性。综合比较确定，缘毛雀麦种子含水量在 45% ～ 35% 时、蒙古冰草和冰草在 30% ～ 20% 时、老芒麦和披碱草在 40% ～ 35% 时，为适宜收获期。鸭茅、猫尾草种子含水量在 30% ～ 35%、35% ～ 40%时，分别采用不同的收获方式均可获得最高产量（刘法涛，1986）。高羊茅种子在含水量降至 40% ～ 45% 进入生理成熟期，种子的产量最高（毛培胜，1997）。无芒雀麦种子适宜的收获时期为盛花期后 29 d，含水量降至 57.7%时，老芒麦种子的适宜收获时期为盛花期后 26 d 或 27 d，含水量 39.0% ～ 45.6% 时，达到生理成熟应及时收获（毛培胜，2000）。羊草种子在发育过程中，含水量在盛花后 36 d 降至最低，盛花后 39 d 种子活力最高，是种子最适宜的收获时间（蔺吉祥，2012）。另外，在草木樨（李鸿祥，1999）、扁蓿豆（李海贤，2006）、红豆草（董玉林，2007）、紫花苜蓿（余玲，2008）等豆科牧草种子研究中，种子发育过程经历的时间长短和成熟时含水量差异较大。

因此，掌握草种或品种种子发育期间水分散失速率的差异，才能非常准确地预测种子的成熟期。

4. 种子生产技术研究

在以往的 70 年中，我国草种科学技术研究与实践一直受到政府部门和学者的关注，主要集中在温带牧草中，围绕播种行距、施肥、灌溉、植物生长调节剂等关键技术环节开展了相关研究工作，为生产实践提供技术指导和参考信息（毛培胜等，2018）。我国从 20 世纪 90 年代中期开始，针对苜蓿、白三叶、高羊茅、老芒麦、无芒雀麦、新麦草、结缕草等主要牧草开展了田间管理关键技术的试验研究，为国内牧草种子规模化和规范化、专业化生产奠定了基础（毛培胜等，2016）。但是，包括黄花苜蓿、羊草、华北驼绒藜等在内的一些适宜于我国草原生态修复抗逆草种，在种子生产技术方面的研究却较少，仅涉及播量（古琛等，2016）、施氮处理和种子生产性能方面（刘海英和易津，2004；徐军等，2012）。

（五）建设草种产业的优势与条件

我国西部地区的气候环境资源为草种产业的专业化生产提供了建设条件。我国疆域辽阔，陆地南北跨越纬度 30 多度，具有多种多样的气候类型和复杂地形地势，为各种牧草种子繁育创造了条件。1949—2020 年，我国政府对品种的三级良种繁育体系建设非常重视，从国家经费投入和种业发展政策实施，不断推动现代种业的商业化和科技价值。同样，草种业专业化生产也由国内各省区向西部地区集中。内蒙古自治区西部地区和宁夏回族自治区、青海省、陕西省、甘肃省、新疆维吾尔自治区等省区由于其所具有的干旱少雨、晴朗高温天气成为我国适宜的种子生产区域。

我国草种子专业化生产技术和田间管理水平不断提高，为草种业规模化发展提供了技术保障。针对苜蓿、老芒麦、无芒雀麦、新麦草、垂穗披碱草、羊草等牧草，围绕播种行距、施肥、灌溉、植物生长调节剂等关键环节开展了长期研究，在田间管理提高种子产量、质量方面为企业生产提供相关技术指导。尤其是振兴奶业苜蓿发展行动、草牧业、粮改饲等政策的落实，以苜蓿、燕麦等为主的种子需求急剧上升，进一步推动了专业化和规模化的种子生产。

我国西部地区规模化和专业化种子生产企业不断发展壮大，为草种业的市场培育提供了有效保障。种子企业专业化生产不仅可以实现种子高产，而且还使资源利用更充分、种子质量得到改善、生产成本减少和收益提高。通过规模化和专业化种子田建设和管理，种子产量水平提升显著。内蒙古自治区西部地区、甘肃省河西地区和宁夏回族自治区、新疆维吾尔自治区等地是苜蓿种子集中生产区，苜蓿种子生产企业较为集中。在青海省专门生产短芒披碱草、老芒麦、草地早熟禾、中华羊茅、燕麦等种子，大型草种子生产基地和企业具有多年从事种子生产的实践经验。种子生产企业规模化发展，为专业化种子生产区域布局、田间管理技术明确了具体要求，也为我国草种业的健康发展提供了有力支撑。

（六）国家与各地政府对推进草种产业发展的政策支持

1. 国家对草种产业发展的政策扶持

自 2000 年以来，国家和各级政府针对草种基地建设相继出台有关政策，支持和推进草种业发展。2000 年 12 月实施的《中华人民共和国种子法》规定草种种质资源管理和选育、生产、经营、使用等活动规范。2003 年颁布的《中华人民共和国草原法》第二十九条指出：加强草种基地建设，鼓励选育、引进、推广优良草品种，相关行政主管部门应当依法加强对草种生产、加工、检疫、检验的监督管理，保证草种质量。2007 年发布的《全国草原保护建设利用总体规划》中的重点工程之四——草业良种工程指出，按照生态地带性要求，在河西走廊、蒙宁河套灌区和新疆绿洲灌区建设牧草原种繁育基地。2011 年颁布的《国务院关于加快推进现代化农作物种业发展的意见》提出，以科学发展观为指导，本着改革和机制创新，完善法律法规，整合农作物种业资源，加大政策扶持，增加农作物种业投入，强化市场监管，快速提升我国农作物种业科技创新能力、企业竞争能力、供种保障能力和市场监管能力，构建以产业为主导、企业为主体、基地为依托、产学研相结合、“育繁推一体化”的现代农作物种业体系，全面提升我国农作物种子发展水平。《国务院办公厅关于深化种业体制改革提高创新能力的意见》指出，加快种子生产基地建设，加大对国家级制种基地和制种大县政策支持力度，加快农作物制种基地、林木良种基地、保障苗圃基础设施和基本条件建设，加强种子市场监管。2015 年中央一号文件《中共中央国务院关于加大改革创新力度加快农业现代化建设的若干意见》明确提出，要加快发展草牧业。2016 年中央一号文件提出，加快推进现代种业发展。农业农村部出台《现代种业提升工程建设规划（2016—2020 年）》，实施种质资源保护、育种创新、品种测试和制（繁）种等项目。2017 年中央一号文件提出，加大实施种业自主创新重大工程和主要农作物良种联合攻关力度，加快适宜机械化生产、优质高产多抗广适新品种选育；统筹调整粮经饲种植结构。2018 年中央一号文件强调，发展现代农业是实现产业兴旺的主要内容，强大的种业是现代农业的基础保障。2019 年中央一号文件提出，加快选育和推广优质草种。国家一系列政策规章、法律法规的制定与实施，为草种业快速健康发展营造了良好的产业和市场氛围。

2. 各级政府对草种产业发展的政策扶持

在国家重视种业发展的同时，地方政府也响应国家政策，相继出台了一系列配套政策措施，推进地方草种业发展。在各级政府积极努力和扶持下，先后成立草业龙头企业，建立牧草种子生产基地，推进市场的活跃和扩大。

内蒙古自治区出台牧草种子补贴管理办法、草原野生植物采集收购管理办法等一系列相关管理办法和规定，为加强草原保护与建设奠定了坚实的基础。支持自治区内草种企业、有品种产权和土地的单位建设苜蓿原种繁育基地，按照每亩 1200 元的标准，对苜蓿原种繁育田给予补助。2016 年，内蒙古自治区党委和政府制定的《关于落实发展新理念加快农牧业现代化实现全面小康目标的实施意见》指出，加快发展现代种业；建立自治区救灾备荒种子储备制度，种子储备经费列入政府财政预算；建立以企业为主体的育种创新体系，鼓励种子企业加大研发投入，推进种业人才、资源、技术向企业流动；大力培育育繁推一体化种子龙头企业，对缴纳城镇土地使用税确有困难的育繁推一体化种子生产企业，可按有关规定减免仓库、晒场、加工厂房等种子生产用地的城镇土地使用税；设立自治区现代种业发展基金；推进现代种业信息化、新品种试验示范网络建设。大力发展草种业，构建现代草种产业体系，不断提高良种生产能力和质量。

2008 年，新疆维吾尔自治区党委、政府提出，以改造提升传统畜牧业、开拓创新现代畜牧业为方向，积极推进农业农村经济结构由以种植业为主导向以畜牧业为主导转变，统筹畜牧业与其他产业协调发展。草牧业发展促进了新疆维吾尔自治区草种业的振兴。2018 年为贯彻落实中央和新疆维吾尔自治区关于脱贫攻坚总体部署，新疆维吾尔自治区科协组织新疆老科学技术工作者协会围绕促进新疆维吾尔自治区畜牧业发展和加快农牧民增收等问题开展调研，形成了《关于建设万吨牧草种业基地，加快脱贫进程的建议》。该建议围绕新疆维吾尔自治区牧草种子需求、生产情况，以及发展新疆维吾尔自治区草种业的重要性、紧迫性、可行性进行分析研究，认为发展现代牧草业是国家农业供给侧结构性改革和生态环境建设的重大部署，也是国家食品安全和奶业健康发展的基础性保障。新疆维吾尔自治区草种业的现实状况已成为发展草牧业和促进农牧民增收的一大短板，而优质草种子对提高家畜生产性能具有决定性作用，对提高农牧民收入具有重要的保障作用。

甘肃省河西地区是我国制种的核心地区，地方政府针对草种产业发展推出配套政策扶持，发布了《酒泉市人民政府关于草种业发展的意见》《酒泉市人民政府关于种业发展的实施意见》等政策文件。宁夏回族自治区根据国家政策制定相应配套政策，自2000年以来，地方财政用于种子基地建设配套资金为2293万元，约占国家投资的31.2%，其中在种子基地建设用地、道路、农田水利等方面给予了相应优惠，确保国家建设项目的顺利实施。陕西省草种业随着草原保护建设工作深入推进，在牧草良种繁育推广、良种基地建设、良种产业化发展等方面有了长足发展。

（七）草种业发展存在的主要问题

1. 缺乏科学规划和产业化布局

我国植物种类丰富、气候资源条件差异明显，适宜牧草生长的环境并非就是最佳的种子生产地区。多年的牧草种子生产基地建设实践证明，需要针对不同牧草种类、各地气候资源研究制订适宜专业化种子生产区域规划，明确符合规模化、专业化种子生产的地域，打造牧草种子专业化生产优势产区，从根本上改善牧草种子产量低的现状。

在牧草开花期和种子发育期间经常遇到降雨时，不仅降低结实率，而且延迟种子成熟，导致种子减产，且年际间产量变化剧烈，严重影响种子企业持续生产和市场稳定。牧草种子生产技术研究和实践表明，在种子发育期间，气候干燥、晴朗天气适宜于进行种子生产，同时应具有灌溉条件。因此，针对不同地域不同草品种的种子生产，建立种子高产稳产配套技术体系，需要充分发挥气候资源和品种遗传优势，合理规划和科学布局，建设我国西部地区专业化草种生产带。

2. 种子生产认证等质量控制和监督管理制度不完善

尽管种子是新品种知识产权、商业价值和产品效益的综合体现，但市场营销受到更多关注，常常忽视了作为种业基础的种子生产环节。多年生牧草与一年生作物不同，多数是多倍体杂交种，遗传变异性更加明显，选育新品种的真实性鉴定与评价存在很大难度。尤其是在市场流通过程中缺少新品种的真实性评价，将导致市场优质不优价，严重影响种子生产企业积极性，必然会降低流通中的种子质量。按照种子生产认证管理的要求，重点控制种子生产、加工、贮藏等环节，对产前、产中、产后过程的严格监督就能达到保证种子纯度和种子质量的目的。保证了所生产种子的真实性，也就保护了育种家权利，确保了种子经营者和使用者权益，延长了培育新品种的使用年限。种子市场监管与生产息息相关，市场监管薄弱将助长价格竞争，种子质量更趋于低劣。通过种子认证制度的建设与完善，制订种子生产加工技术标准，将为管理部门的科学规范监管提供依据。

3. 种子生产与加工的机械化水平低

我国草种加工机械还处于研发初级阶段，种子收获加工机械类型少。成熟种子在收获时，要求在短时间内进行集中作业，否则延迟收获可导致成熟种子落粒损失严重，若遇降雨则影响种子质量。因此，种子收获机械化体现了企业生产水平和经济实力。到 2020 年，国内已经研制并生产了草种子采集、收获的机械设备，但多以禾草种子收获的中小型设备为主，最大工作幅宽 3 m，收获效率低。苜蓿种子收获机械主要是通过改装农作物联合收获机来完成的。国产牧草种子收获机械类型较少，通用性较差，降低了机具的使用效率，同时增加了使用成本。种子加工机械则直接关系到种子品质和价格，但缺乏能够提高种子科技附加值的种子包衣、菌根接种等技术，品牌优势不明显。由于机械投入高，没有专业配套机械，使我国草种子生产机械化、规模化、集约化、标准化程度低，造成生产成本高、种子质量无保证，市场竞争力不强。

4. 优良品种推广困难，品种商品化价值低

近 40 年来，我国牧草新品种育种工作有了长足的进步，为草业发展打下了良好基础。但草品种选育单位多以科研院所和高等院校为主，企业很少开展育种工作。在审定登记的 196 个育成品种中，只有绿帝 1 号沙打旺、邦德 1 号杂交狼尾草、赤草 1 号杂花苜蓿、彩云多变小冠花、甘农 7 号紫花苜蓿、沃苜 1 号紫花苜蓿品种以企业为第一申报单位，仅占育成品种比例的约 3.1%。同时，培育牧草品种少，形成规模化种子生产的品种更少，不仅无法体现新品种商业价值，而且远远不能满足草业生产的需要。因此，在我国育种工作中，如何发挥育种企业的主体作用，不仅是推动新品种数量增长的重要条件，也是满足市场要求和推动草种业现代化的重要基础。

5. 专业化种子生产技术不成熟

参照草种业发达国家经验，完善草种产业体系包括品种的研发、种子扩繁、收获、加工、销售服务等，每个环节都需要有公司参与，才能使科研与生产实际结合紧密，成果转化迅速，产业链条完整，利益联结机制完善。我国虽然有众多草种企业，但涉及牧草育种、种子生产的企业则屈指可数。我国草种子生产技术系统研究始于 20 世纪 90 年代，主要集中在苜蓿、老芒麦、无芒雀麦、新麦草、羊草、多花黑麦草、高羊茅等牧草中，围绕播种行距、施肥、灌溉、植物生长调节剂等技术环节开展了大量研究工作，在田间管理提高种子产量方面为生产实践提供了技术依据和参考经验。但在专业化种子生产中，需要有从土地选择到种子收获加工等一系列配套技术，才能保障种子高产和稳产。因此，小区试验研究的单项技术，无法满足专业化种子生产配套技术体系要求，企业在种子生产实践中需要

付出时间和经济的代价来积累大量经验，才能提高种子专业化生产水平，从而严重制约了草种业的快速发展。另外，种子扩繁的专业化生产也要求很高的机械化水平。从播种、病虫杂草防治、施肥、灌溉、收获、清选、加工、贮运等环节都需要相应的配套机械，尤其是收获机械对种子产量和质量的影响更大。对于收获机械等设备的特殊要求和熟练掌握，也是专业化种子生产重要环节。

6. 缺乏种子专业科技人才

到 2020 年，我国已经有 10 多所高校设立草业学院，专门培养草学科技人才。但在学科建设和专业设置当中，草种业科学与技术方面的课程设置缺乏系统性和针对性，导致培养学生的专业技能不强。由于草种子扩繁对气候土壤、种植生产技术、田间管理技术、收获加工等都有特殊要求，因此在各生产技术环节都与牧草生产截然不同，需要种业专门人才服务于田间生产和企业的专业化管理。

二、建设国家草种专业化生产带可行性分析

（一）项目建设的必要性与意义

进入 21 世纪，随着我国社会经济的快速发展，传统草原畜牧业已经拓展成为包括草产品生产加工、草种业、草坪业，以及天然草原生态建设工程在内的现代草业。其中，草种业将为草原生态建设、退化草地改良、优质牧草生产、草坪建植等顺利实施提供种子保障。随着种子市场化发展和竞争加剧，强大的草种业不仅关系到我国草原畜牧业的持续发展，更关系到国际种子市场贸易规模，也是保障草产业、畜牧业战略安全的重要条件。

1. 专业化种子生产带建设是草原生态与安全的重要基础

我国草原放牧利用是传统草原畜牧业生产的主要方式，但受人口数量迅速增长的影响，天然草原的大量开垦导致可利用面积锐减，同时牲畜数量却急剧增加，导致现有草原生产力水平已经无法满足草原畜牧业发展的要求。现代草原畜牧业以优质高产人工草地建设为基础，生产优质饲草料为前提，通过集约化、规模化养殖技术提高饲草转化效率和畜产品经济价值。因此，草原改良和人工草地建设需要大量优质草种子，只有草种业发展壮大才能提供物质保障。另外，受草原沙化、退化、盐碱化影响，“三化”面积已占草原总面积的 90% 以上，产草量下降了 30% ～ 50%。由此造成的生态环境破坏、草原畜牧业生产水平降低已经严重影响到国民经济发展和农牧民正常生活，这种情况在西部内陆地区尤为突出。《全国生态环境建设规划（1999—2050）》提出，2011—2030 年将新增人工草地、改良草地 8000 万 hm^2。而全国草种子年生产能力不足需求的 15%，其中城市绿化草种 90% 以上依赖进口，苜蓿、无芒雀麦、冰草等饲用和生态草种 50% 以上依赖进口。因此，确保各种牧草种子充足供应关系到草原植被恢复的成败。

2. 专业化种子生产带建设是现代草业生产与发展的重要基础

在经济改革和社会发展的推动下，人民生活水平不断提高，日常膳食结构变化显著，以牛奶、牛肉和羊肉等为主的食草动物食品消费量增长迅速，2018 年牛奶产量已经占我国畜产品产量的 24%，牛肉产量达到 5%，羊肉产量为 4%。奶业和草食家畜养殖业的迅速发展，对饲草种植规模和草产品的生产提出了更高要求。尤其振兴奶业苜蓿发展行动、粮改饲等政策实施，以苜蓿种植和干草生产加工为主的现代草业成为地区经济发展的新增长点。然而，苜蓿等优质牧草种子保障供给则是现代草业发展的重要前提。在国产牧草种子无法满足草地建设现时需求的情况下，加强民族种业发展，建设专业化种子生产带，将有利于改变单纯依赖于种子进口的被动局面，能够从根本上解决人工草地建设对各种牧草种子的需求。

3. 专业化种子生产带建设是种植业结构调整和专业化生产的重要保障

随着我国种植业和畜牧业产业结构调整，天然草原改良和优质牧草种植面积迅速扩大，对牧草种子的需求呈逐年上升的趋势。尤其是连续三年的中央一号文件，提出发展草牧业、培育现代饲草料产业体系，对种子生产的专业化和规模化需求迫切。但我国牧草种子的平均产量为 320 ～ 400 kg/hm^2，与草种业发达国家相比存在很大差距，无论数量和质量都不能满足我国草业发展对种子的需求。在美国、新西兰、丹麦等草地畜牧业发达国家，在 20 世纪 50 年代起便陆续建立了牧草种子扩繁体系，实现了牧草种子生产的专业化和规模化。因此，针对我国草产业发展的现时需求，科学规划、合理布局，充分利用我国气候资源优势，建设以新疆维吾尔自治区、甘肃省、陕西省、宁夏回族自治区、内蒙古自治区、青海省为主的专业化种子生产带，推动草种子生产技术的集成与产业化示范，将有利于促进我国草种业从落后的分散经营向产业化生产跨越，对提高草种子产业化发展进程具有重要作用。

4. 专业化种子生产带建设是实现种业国产化的重要前提和保证

与我国农作物种业相比，草种业尚处于起步阶段。草种的良种生产还未达到品种布局区域化、种子生产专业化、种子加工机械化和种子质量标准化的“四化”建设要求。在现代草业发展、生态文明建设的时代背景下，尽管每年从国外进口牧草种子 3 万～ 5 万 t，解决了规模化饲草和草坪绿化建设的需求，但以草原生态修复为目标的乡土草种在种子生产方面仍然是空白，也无法通过进口来解决。在此情况下，加强专业化种子生产带建设，除了苜蓿优良品种，针对老芒麦、垂穗披碱草、羊草、碱茅、冰草、无芒雀麦等乡土草种建立专业化种子生产基地，合理布局，科学配置生产、收获、加工等管理技术和机械，提高种子生产能力和水平，不仅是现代草业发展的迫切需要，而且也为草种业的国产化奠定扎实基础。

（二）产业建设的可行性分析

1. 资源条件的可行性

草种子生产与饲草生产截然不同，植株开花、授粉到结实过程的顺利完成与种植区温度、光照、降雨等气候因子密切相关。新疆维吾尔自治区、内蒙古自治区、宁夏回族自治区、甘肃省、陕西省和青海省六省区属于干旱半干旱地区，年日照时数长为 2500 ～ 3500 h、气候干燥少雨（年均降水量小于 150 mm），≥ 10℃年积温不低于 1300 ～ 3500℃，年均温 4 ～ 12℃。同时，在此区域内虽然降雨有限，植物生长易受干旱胁迫，但境内分布的高山大河为田间灌溉提供了优势条件，且以滴灌技术为主的节水灌溉技术推广为种子生产灌溉提供了用水保障。此外，在我国西北地区，土地资源丰富、地域辽阔，占国土面积的 24.5%，其中有 1360 万 hm^2 土地适宜建设草种子生产基地，可为实现高效规模化生产提供保障。在六省区的调研结果显示，种子产量高、质量优，得益于种植区光照足、积温高、结实期气候适宜，且具有可控的补充灌溉条件。

2. 技术支撑的可行性

新疆维吾尔自治区、内蒙古自治区、宁夏回族自治区、甘肃省、陕西省和青海省六省区早在 20 世纪 50 年代就已经开展草种子扩繁工作，具有长期从事牧草育种与种子生产技术研发工作基础，技术资源比较集中。至 2017 年，六省区种子田规模占全国的 77%，生产各类牧草种子 7 万 t，占全国草种子生产量的 84%。集中了国内 90% 以上的专业化草种子生产企业，尤其以甘肃省、青海省、内蒙古自治区为代表的制种企业，不仅种子生产规模大、专业化程度高，而且以生产具有自主知识产权的国内主要优良品种为主。同时，依托高校和科研单位等技术支撑，草种子产量水平和专业化程度较高，如苜蓿种子大田单产水平可达 900 kg/hm^2。新疆维吾尔自治区、内蒙古自治区、宁夏回族自治区、甘肃省、陕西省和青海省六省区内已经初步建成草种子专业化生产核心区的技术支撑体系。

3. 组织模式的可行性

虽然我国草种子生产历史悠久，从政府生产、农户生产、企业生产和育种家生产的发展阶段经历了数千年，但是以政府、农户为主的草种子生产仍处于初级发展阶段。目前，草种子生产还是以育种家生产和农户生产为主导，而不是以企业生产为主导。随着我国种业市场经济的发展与壮大，尤其是现代草牧业、粮改饲及草原生态修复建设的深入，以国产品种为主的草种子需求将极大地促进我国草种业的专业化建设。多年实践探索表明，企业生产“公司 + 农户 + 科研 + 基地的生产模式”将会在未来一段时间内的种子生产中占主导地位，以科技为支撑、市场为导向、农户为基础、加工为龙头、基地为示范，建立企业、科研院所、育种家与农户共同发展的模式。企业生产的优势在于拥有专门的种子生产基地和种子田，企业根据市场需求可以进行科学合理的调整种植规模，能够进行机械化、规模化的生产。

经过多年实践与总结，我国专业化草种子生产逐渐向西北地区转移，尤其是以苜蓿种子为主的专业化生产相对集中。专业化种子生产企业在规模化种子生产中的主力作用凸显，发挥企业核心作用，为建立相应的组织模式提供了重要条件。

4. 促进社会发展的可行性

在我国人口和人均粮食消费量下降，人均奶、肉等畜产品消费量持续增长，耕地面积等资源无法再增加的现状下，草业的发展对推动农牧业发展的作用日益凸显，而草业的发展草种是基础。种子是最基础的农业生产资料，位于产业链的最上游，据估计我国良种对种植业产量增长的贡献率为 30% ～ 40%，创造了巨大的社会效益，一方面可有效解决当地劳动力就近就业，促进社会和谐，保障社会的安定；另一方面可实现草牧业、草原生态和国土绿化持续健康稳定发展，保障国家食物和生态安全，美丽乡村振兴和文明宜居城市建设等事业的发展。因此，加大草种产业的发展对促进社会和谐发展具有重要作用。另外，西部地区经济发展缓慢，以传统的农牧业生产为主要方式，发展地方经济是政府改善民生的重点工作。扶持和发展种业龙头企业，通过多种合作组织管理模式，发挥品种商业价值，利用土地资源、人力资源优势，将专业化种子生产带建设成为带动地方经济发展的新增长点，也将为巩固政府扶贫成果提供有力抓手。

5. 政策、制度保障的可行性

新疆维吾尔自治区、内蒙古自治区、宁夏回族自治区、甘肃省、陕西省和青海省六省区是我国草原分布的主要地区，不仅是草种子生产的主要区域，也是草种子主要消费市场。长期以来，地方政府和企业对于草种业的政策、市场给予高度重视。积极贯彻落实《中华人民共和国种子法》《中华人民共和国草原法》和《草种管理办法》等法律法规，强化政府部门的政策指导、市场监管和行政执法职能。针对目前草种管理存在的薄弱状况，通过强化各级部门草种管理职责，明确监管机制和相关责任人员，加大对草种生产和购销环节管理力度，加强草种质量监督检查；并严格草种生产、经营行政许可管理，加强草种行政许可事后监管和日常执法，严厉打击生产经营假劣种子等行为，提高违法行为处罚标准，强化种子企业生产与经营管理；通过加强市场和种子质量的监管，明确市场监管主体责任，营造公平竞争、健康有序的发展环境，实现种子销售的优质优价，草种业生产、经营、管理等规章制度的不断完善，可为专业化种子生产体系建设营造高效安全氛围，保护优良品种生产者和消费者的正当利益，保障种子市场贸易健康持续发展。

（三）指导思想与基本原则

1. 指导思想

按照党的十九大报告提出的统筹山水林田湖草系统治理方针和2020年12月中央经济工作会议精神，深入贯彻实施《中华人民共和国草原法》《中华人民共和国种子法》和《草种管理办法》，按照《“十三五”国家科技创新规划》《全国草原保护建设总体规划》《关于扩大种业人才发展和科研成果权益改革试点的指导意见》的要求，加强种质资源保护和利用，开展种源“卡脖子”技术攻关，加强种子库建设，尊重科学、严格监管，有序推进生物育种产业化应用，积极发展现代种业，以种业科技创新和科学布局为核心，重点强化专业化种子生产区域布局、种子扩繁基地建设和种子生产龙头企业扶持等环节，促进草种产业的科学布局，实现草种业由粗放型向专业型跨越式发展，建立以乡土草种为主的种子扩繁优势区域，提升草种业核心竞争力，立志打一场种业翻身仗，为种业国产化和国家种业战略安全奠定基础。

2. 基本原则

以区域气候资源条件为基础，充分发挥区域水热资源优势，科学规划确定适宜种子生产区域，打造种子生产核心区。

以科技为先导，激励源头创新，在种子生产关键技术、质量控制技术、收获加工技术等方面强化开拓与创新，建立一套适宜于专业化种子生产的先进技术体系。

以龙头企业扶持为核心，加大政策及资金扶持力度，完善草种产业化经营机制，提升草种产业化整体水平。

以品种保护利用为前提，加快推进种子生产认证制度，建立品种种子质量的可追溯体系，保护生产者合法权益。

（四）建设目标

围绕我国退化草原生态修复、草原生产力提高，以及优质饲草种植加工对各类草种子的需求，提高以苜蓿、披碱草、老芒麦、羊草和燕麦等主要草种的生产能力和质量水平，实现我国牧草良种扩繁的基本自给和草种业国产化目标。到 2025 年，初步形成专业化、规模化的现代草种子产业体系，构建以大企业为主体，大基地为依托，产学研相结合，育繁推一体化的现代草种业繁育体系，为草原生态建设保护和现代草产业发展等提供物质基础。到 2035 年，实现草种业生产国产化，解决国内优质牧草种子的供求矛盾，扭转国内主要牧草种子依赖进口的局面，建成我国主要牧草种子生产集中区域。实现草原生态建设、优质饲草种植生产种子自给，为现代草业发展提供物质保障。

（五）建设思路与产业模式

1. 建设思路

以区域气候资源条件为基础，充分发挥区域水热资源优势，科学规划确定适宜草种子生产区域，打造我国西部草种子生产集中区。根据各省区生态、经济、技术条件，因地制宜制定主要草种子专业化生产区域规划，培养种子扩繁专业技术人员，完善现代草种业发展配套政策；以品种保护利用为前提，加快推进种子生产认证制度，建立品种种子质量可追溯体系，保护育种家、生产者、消费者的合法权益。

（1）良种优先。把良种的选育、扩繁、保护、推广和市场管理放在突出地位，建立起一整套有利于良种保护与发展的体系与环境。

（2）服务生产。围绕草牧业、粮改饲生产和草原生态建设的需要合理规划。

（3）科学布局。充分发挥和利用区域优势，因地制宜。

（4）问题导向。根据草种业特性及存在问题，确定相应建设内容和建设标准。

（5）保用结合。推进种质资源在保护中利用、在利用中保护的协调发展。

（6）政府主导多元结合。充分发挥中央投资的引领作用，调动农民、企业和社会各方面的积极性，构建多元化投入机制。

2. 建设模式

在草种扩繁基地建设和生产经营上引进企业管理机制，重点扶持和培育一批形成育、繁、推、产、加、销一体化的草种业龙头企业，制定优惠政策，鼓励实力强、信誉好、业绩优的企业广泛参与草种子生产经营。

重点研究公司—基地—农户的利益机制，解决好产业化的链条衔接问题。

积极发挥政府的引导和服务功能，搞好社会化服务，主动解决龙头企业发展中遇到的困难和问题，组织推广优良品种的种子扩繁认证制度，树立草种业的名优品牌意识，努力培育国产优良品种及其品牌，形成规范健康的种业市场，推进草种子产业国产化进程。

（六）草种子生产基地区域布局

1. 牧草种子专业化生产基地布局

充分利用西部地区光热资源和水分条件，在内蒙古自治区西部、宁夏回族自治区、陕西省、甘肃省、青海省和新疆维吾尔自治区，建成优良草品种种子专业化生产集中分布带，以苜蓿、红豆草、无芒雀麦、冰草、披碱草、老芒麦、羊草、草地羊茅、草地早熟禾以及燕麦、苏丹草等草种为主，建设规模化专业化的种子生产与示范基地（图 1）。培育、扶持企业和新型经营主体进行种子生产基地建设。

2. 生态修复用草种的采集与生产基地布局

围绕区域特点和草种业发展需求，科学规划草地野生植物种子采集区域，合理开展生态修复用草种的专业化采集。在内蒙古自治区西部、宁夏回族自治区、陕西省、甘肃省、青海省和新疆维吾尔自治区，挖掘利用西部草原区草种质资源的耐旱、抗寒等抗逆特性，以沙生冰草、沙蒿、绢蒿、木地肤、驼绒藜、沙米、霸王、牛枝子、花棒、羊柴等为主，建立种子专业化采集区和制订种子采集技术规范。

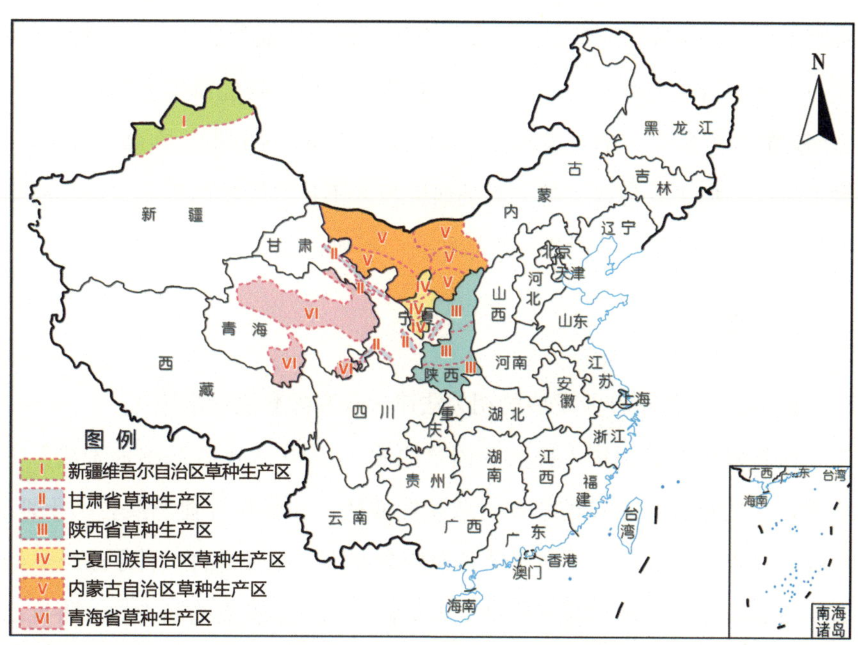

图 1　西部六省区草种专业化生产带建设布局

（七）风险因素与对策

1. 风险因素

1）草种业发展政策不配套，市场管理风险大

在国内外草种产业化发展过程中，各国政府均制定了相应的种子法律法规，规范种子市场和生产经营。在政府管理中，草种子、农作物种子等均是同等对待，但在我国政府管理中草种子区别于其他种子，土地、投资、招投标等政策福利难以惠及。缺乏草种子生产认证制度，导致品种真实性无法保障，优质不优价，无法保护育种家的权利、种子经营者和使用者的经济利益。由于市场监管仍处于高风险状况，因而导致草种业企业难以做强做大。

2）草种科技研发平台缺乏，产业链条脱节风险难以消除

我国专业化草种子生产加工和经营企业数量少，多数企业注册资金在1000万元以下，尤其是缺少大型上市企业和国家龙头企业。企业很少开展育种工作，企业选育的育成品种仅占全国审定育成品种的3%。企业的经济实力和种子研发力量不足，种子的科技附加值低。在经济实力和科技投入方面均缺少竞争力。企业与高校、农民缺少长期合作机制，在新品种选育、种子生产、加工处理技术等方面的研究投入不足，导致由种质资源、品种到种子的产业链条容易脱节，新品种推广不利的风险难以在短期内消除。

2. 对策

1）完善现代草种业发展的相关法律法规和配套制度措施

在新修订的《中华人民共和国草原法》《中华人民共和国种子法》中均强化了牧草种子市场监管和行政执法职能。加强草种业发展相关土地、税收、投资等配套政策，明确从种质资源利用、品种选育、种子生产、经营到市场监督各个环节管理职责，为草种业的健康发展指明方向，将推动民族种业的振兴和草种业的国产化。

2）创新种业发展与合作机制，促进新品种培育及专业化种子生产技术体系建设

坚持创新驱动，引导和支持种子经营企业建立自己的研发团队，建设专业化种子生产基地，或采取与院校、科研单位联合协作等方式建立相对集中、稳定的种子生产基地，形成以市场为导向、资本为纽带、利益共享、风险共担的产学研相结合的草种业技术创新体系，实现新品种商业化转化和新品种选育到种子专业化生产的无缝对接。此外，加强草种扩繁体系的建设，除了苜蓿优良品种，还应针对老芒麦、冰草、无芒雀麦、羊草等乡土草种建立专业化种子生产基地，合理布局、科学配置生产、收获、加工等管理技术和机械，提高种子生产能力和水平，不仅为草种业的国产化奠定扎实基础，而且也能满足现代草业发展的迫切需要。

3）培养专业技术人员和龙头企业，推动民族种业振兴

由于草种扩繁对气候土壤、种植生产技术、田间管理技术、收获加工等都有特殊要求，因此在各生产技术环节都与饲草生产截然不同，需要种业专门人才和专业化的生产企业。由于种子生产的专业性和特殊性，草种业对人才有专门要求，只有技术水平和专业程度都具有较高能力的人员才能胜任。种业人才队伍培养应扩大草种业从业人员规模，这不仅要扩大草业科技人才队伍规模，更要扩大管理人才、经营人才、技工人才队伍规模，只有科研人才、管理人才、经营人才和技工人才有机结合才能促进草种业的持续发展。

（八）建议

1. 将专业化草种生产带建设列入国家发展规划

在国家草产业布局中，强化种业发展顶层设计和长远规划，将西部地区专业化草种子生产带建设列入国家“十四五”发展规划，可为实现草种

国产化和提升草种业的国际竞争力奠定基础。

在新疆维吾尔自治区的伊犁哈萨克自治州、塔城市、阿勒泰地区，内蒙古自治区西部的鄂尔多斯市、阿拉善盟，宁夏回族自治区的盐池县、平罗县、原州区，甘肃省河西走廊，陕西省的榆林市，青海省海南藏族自治州的贵南县、海东市等地建设主要草种子生产核心区。

2. 健全草种业政策规章，补齐政策短板

按照党的十九大报告提出的统筹山水林田湖草系统治理的方针和 2020 年中央经济工作会议精神，进一步完善与草种业相关的土地、税收、投资等配套政策和促进产业化发展激励政策及监管措施。

1）实行草种子生产三级认证制度和种子生产补贴政策

加强品种的知识产权保护，建立符合国内种子生产的三级认证制度，对优良品种的审定和推广给予一定的经费补贴，提高优良品种的市场竞争力，规范种子市场，实现种子销售优质优价。

2）完善草种质量控制与监管政策法规

加强种子质量监督和检测管理体系建设，将草种打假纳入农资打假综合执法工作，保护优良品种的使用者、生产者和消费者的正当利益，保障种子市场贸易健康持续发展。

3. 加强种子产量提升创新工程建设

加强草种业科技攻关和创新能力，建设草种产量提升创新工程，培养专业技术人才，重点围绕专业化种子生产、收获、加工处理及贮藏等关键技术，实现种子质量控制与保持机制突破，弄清种子成熟和产量形成机理，持续提高种子产量和质量水平。建设国家级育种、草种科技创新中心，提升种子科学与技术水平，不仅是草种业国产化奠定扎实基础的需要，而且也是现代草业发展的迫切需要。

（九）结论

（1）西部六省区具备建设国家专业化草种生产带的基础。

（2）建设国家专业化草种生产带，逐步实现草种国产化，“中国草用中国种”是解决好种源“卡脖子”问题、实现国家草业安全重大战略部署的重要措施。

（3）草种业在我国是一项极具发展潜力的朝阳产业。

新疆维吾尔自治区草种产业发展现状与建设可行性研究

新疆维吾尔自治区位于中国西北边陲，地处亚欧大陆腹地，是中国陆地面积最大的省级行政区，总面积 166 万 km^2，占中国国土总面积的 1/6。东西长 1650 余 km，南北宽 1450 余 km。位于东经 73° 41′～ 96° 21′，北纬 34° 22′～ 49° 33′。由于位置和受阿尔泰山、天山、昆仑山和阿尔金山山体和气候的影响，天然草地分布具有鲜明的垂直地带性分布规律。在不同纬度、经度和海拔高程，由于水热组合比例不同，而形成了不同的草地类型。这些因素使新疆草地在利用上具有鲜明的季节性特点。新疆维吾尔自治区是全国五个主要牧区之一，天然草地资源是新疆维吾尔自治区发展畜牧业最基本和最主要的生产资料。在“三山”和“两盆”周围有大量的优良牧场，牧草地总面积 5133.3 万 hm^2，仅次于内蒙古自治区、西藏自治区，居全国第三名。草地总面积 5725.88 万 hm^2，可利用面积 4800.68 万 hm^2，草地面积占全国草地总面积的近 14.6%，占新疆维吾尔自治区国土总面积的约 34.4%，担负着全疆 70% 的牲畜饲养量和畜产品产量。

一、草种产业发展现状分析

（一）草种生产与需求现状

1. 生产现状

长期以来，由于对发展草业缺乏充分认识，因而对牧草新品种繁育与推广的重视程度远低于农作物。草种质资源研究和新品种选育投入不足，手段落后，育成的新品种少。在新疆维吾尔自治区区域内草种生产多年来处于自繁自用状态，种子育繁规模小，生产体系混乱，种子质量差，特别是在培育新品种方面，由于原种生产跟不上市场需求的步伐，以致部分优良品种只能保存在育种家和育种单位手中，导致科研成果转化不畅通，极大地限制了草种产业建设和有序发展。从现状来看，虽然国家扶持种业发展的政策法规对新疆维吾尔自治区种业的发展起到了积极的推动作用，然而因新疆维吾尔自治区草种业起步较晚，再加之基础薄弱和重视程度不足，使草种业建设工作的整体推进较内地省区有所滞后。

新疆维吾尔自治区牧草种子生产起步于20世纪60年代，在科研教学及技术推广部门大量引种驯化的基础上，伴随着草原保护建设的不断发展和飞播牧草的兴起，全疆建立了一批优良牧草种子基地，到1985年全区先后建立了24个牧草种子基地，面积约0.8万 hm^2，年产种子千吨以上，主要生产苜蓿、红豆草、苏丹草、老芒麦、无芒雀麦、木地肤等牧草种子。20世纪80年代，每年调往内地省区的苜蓿和苏丹草种子为200～300吨，是本区牧草种子生产的辉煌时期；进入90年代，由于受到市场和生产体制变化的冲击，大批牧草种子基地被迫关闭、停产或转产，牧草种子生产规模不断萎缩，由牧草种子调出省区变为调入省区（于道全，2005）。

随着国家西部大开发战略的实施，农业产业结构调整，草原畜牧业生产方式转变及生态环境建设需要，牧草良种工程迎来了前所未有的发展机遇。据统计，“九五”期间新疆维吾尔自治区各地牧草种子生产田达到800 hm^2，累计经销总量为2000 t（于道全，2005）。2000—2003年国家在新疆维吾尔自治区先后投资建立了9个牧草种子基地。其中，苜蓿、红豆草和等豆科牧草种子基地5个，无芒雀麦和高羊茅等中生禾本科牧草种子基地2个，木地肤、驼绒藜旱生牧草种子基地2个（新疆维吾尔自治区畜牧厅草原处，2005）。到2003年年末，新疆维吾尔自治区草种生产田面积约6500 hm^2，年总经销量3000 t。在国家的大力扶持下，新疆维吾尔自治区牧草育种和草种生产虽然有了一些发展，但与国外和内地省区相比还有一定的差距，与畜牧业大省的称号还很不相称。

2. 需求现状

由于过度放牧和气候变化，我国大部分天然草原正以惊人的速度退化，特别是北方天然草原（李博，1997）。现代畜牧业可持续和高效发展将不可避免地依赖人工及半人工草地的建立和天然草原补播改良（徐胜，2001）。进入21世纪，政府各级部门和广大群众对于生态环境保护更加重视和关注，随着国家“退牧还草”“京津风沙源治理”“岩溶地区石漠化综合治理”“新一轮退耕还林还草”“农牧交错带已垦草原治理”“草原自然保护区建设”“草牧业发展试验试点”“草原畜牧业转型示范”“农区草地开发利用”等工程的实施，以及“草原生态保护补助奖励”“现代种业提升工程草种”“粮改饲”政策的出台和“振兴奶业苜蓿发展行动”“南方现代草地畜牧业推进行动”计划的启动，优质草种的市场需求急剧增加。

新疆维吾尔自治区是草地资源大区，草地面积约占国土面积的41.7%。近年来，随着草原生态保护补助奖励机制和自治区新增肉羊行动示范工程的相继启动实施，以及自治区定居兴牧、退牧还草工程建设的深入推进，全区各地普遍提高了对人工种草的重视程度。同时，随着新疆维吾尔自治区区域经济的发展以及人民生活水平提高，城市也在不断兴建各种不同功能用途的草坪，大面积草坪建植促进了草坪业的发展，继而对优良草种的需求量与日俱增。目前，新疆维吾尔自治区每年人工种草面积约 66.7 万 hm^2，其中多年生牧草种植面积 26.7 万 hm^2（主要是苜蓿和部分生态草），加之天然草地补播改良面积 6.7 万 hm^2，需生态草种量达 2400 余 t/a，缺口达 2000 余 t/a。未来 10 年内，新疆维吾尔自治区将力争实现人工种草 133.3 万 hm^2，加之草原生态建设的力度在不断加大，届时，草种总需求量将达到 6 万 t 以上，年需求量将达到 6000 t。目前，全区生产草种量 200 ～ 300 t/a，生产能力远远不能满足种草所需。

（二）草种基地建设及运行现状

新疆维吾尔自治区是中国北方草地牧草资源最丰富的地区，多样性的地理环境孕育着 2900 多种野生牧草种质资源，其中多饲用价值高的有 380 多种。充足的光热资源及以灌溉为主的农业生产方式，使新疆维吾尔自治区具有发展草种产业的优越条件，也是我国重要的适宜牧草种子繁育基地之一。

新疆维吾尔自治区牧草种子生产自 20 世纪 60 年代以来，在科技人员的辛勤培育和多年努力下，先后育成新疆大叶苜蓿、新牧系列苜蓿、奇台红豆草、奇台苏丹草、新苏系列苏丹草、新雀 1 号无芒雀麦等 26 个国审新品种。21 世纪初期，和田地区苜蓿种植面积近 6.67 万 hm^2，是本区牧草生产的辉煌时期。自 2000 年以来，国家先后在本区投资建设了 16 个牧草种子基地，面积约 0.6 万 hm^2。此后，由于各级部门对发展草业缺乏充分认识，再加之市场变化的影响，种子基地受到冲击，种植面积逐渐萎缩。目前，零星存在的以饲草和生态用种生产为主的种子基地，因缺乏有效的管理体制、持续的资金支持、强有力的技术支撑，导致比较效益低、市场竞争力弱，种植面积大幅缩减，尚存的种子田已不足0.067万hm^2，与草牧业发展的现实需求相去甚远。

（三）草种经营主体建设及经营现状

1. 草种经营主体建设现状

草种经营主体主要是以农户和企业为主。农户经营方式多为草田与种子田生产兼用，没有专门的种子生产田，农户根据自己需求进行留种，基本属于自给自足式生产，生产过程全靠人工，没有或少有机械参与。近年，随着草牧业的发展，国家政策的导向及草种市场行情的变化，新疆先后出现了一些新的生产经营模式，主要有两类：一类是经营主导型，以经营国内外牧草种子为主的草种公司，如克劳沃集团，在当地没有种子生产基地，完全依赖区外生产，本地市场份额占有大；另一类是生产主导型，逐渐出现了一些小规模化、专业化生产草种的公司，拥有集中连片、较大面积的草种生产基地，小规模地生产出质量较高的草种，对区外市场依存度较小甚至能外销，本地市场份额占有小，如新疆瑞吉兰德有限公司，在塔城市建立苜蓿种子基地进行研发、生产和销售；新疆天博草业有限公司种子基地主要在呼图壁县，以生产扁穗冰草、新疆大叶苜蓿、苏丹草、木地肤种子为主，在乌鲁木齐市南山风景区主要生产红豆草和苜蓿，在伊犁哈萨克自治州昭苏县主要生产无芒雀麦，霍城县主要生产驼绒藜、蒿子和木地肤旱生牧草。目前，新疆维吾尔自治区草种生产与经营的发展不平衡源于其区域化、专业化未成气候，缺乏大环境下自主竞争生存的能力。

2. 草种经营主体经营现状

农户草种地建设的主要目的是自留种用，一般不进行交易和流通；企业自主生产多以营利为目的，实行自主经营、自负盈亏、独立核算的法人企业。企业生产与经营以市场为导向，根据市场需求确定种子生产或经营目标。如伊犁哈萨克自治州的伊犁绿脉草业有限公司，主要是通过代理美国、丹麦、加拿大等国家种子公司的牧草或草坪草品种进行销售；新疆瑞吉兰德牧草种业有限公司，主要是以国产草种经营为目标。克劳沃集团主要代理国外的种子销售；新疆天博草地有限公司，主要以繁育、生产和销售国内牧草种子为主。当前，企业自主经营的生产过程存在草种监管相对缺失、生产经营较为混乱的突出问题，同时草种质量认证和检测体系不健全，经费投入不足，种子包衣及保水剂等缺乏生产及监管标准，种子经营恶性竞争，好种卖不出好价钱等问题普遍存在。

（四）建设草种产业的条件储备

1. 草种品种与繁育技术保障

新疆维吾尔自治区经过近 40 余年的科研与技术积累，形成了一批经国家草品种审定委员会审定的优良牧草品种。截至 2018 年，通过国家草品种审定委员会审定的品种达到 26 个。其中，禾本科牧草品种有 11 个，豆科牧草品种 9 个，其他牧草品种 6 个，包括了苜蓿、红豆草、无芒雀麦、偃麦草等在世界上广为栽培的优良牧草品种。这些牧草品种抗逆性强，具有极强的适应性，在产量和数量上占优势。在草种繁育方面，特别是在苜蓿种子生产方面，其科研与生产均居于国内先进水平，建设草种较大型草种生产企业具有品种储备和技术保障。

2. 草种繁育专业技术团队

目前，新疆农业大学和新疆畜牧科学院等单位已组建了一批从事种质资源开发研究的专业队伍。此外，新疆农业大学还拥有“西部干旱荒漠区草地资源与生态”教育部重点实验室和“新疆草地资源与生态”自治区重点实验室两个省部级科技创新平台，国家级“中亚跨境有害生物联合控制国际研究中心”，拥有草业研究所、干旱区土壤与肥料研究所、干旱区荒漠研究所，以及新疆种植业绿色生产工程技术研究中心和新疆农业信息化工程技术研究中心 2 个协同创新中心。软硬件基础及专业人才队伍将为持续开展新品种繁育提供有力的技术支撑。

3. 草种生产检测机构

新疆维吾尔自治区草原总站 1988 年 8 月经自治区标准局批准成立了“新疆维吾尔自治区牧草种子质量监督检验站”。1991 年 4 月，经农业部质量标准司批准，在“新疆维吾尔自治区牧草种子质量监督检验站”基础上成立了“农业部牧草种子质量监督检验测试中心（乌鲁木齐）”；2018 年更名为“农业农村部牧草与草坪草种子质量监督检验测试中心（乌鲁木齐）”。1997 年、2003 年、2008 年、2011 年、2014 年、2017 年顺利通过国家“双认证”评审。2012 年顺利通过了草产品检测扩项。检测范围包括牧草种子、草坪草种子、药用植物种子、主要花卉种子及草产品营养检测等内容，为草种业发展提供质量保障。

（五）国家与当地政府对推进草种产业发展的政策扶持

1. 国家对草种产业发展的政策扶持

近年来，随着国家“振兴奶业苜蓿发展行动”“退牧还草”和“草原生态保护补奖机制”等政策的全面实施，草种需求量明显增加，国家不断出台政策，支持民族种业发展。2011 年发布《关于加快推进现代化农作物种业发展的意见》；2012 年提出《关于深化种业体制改革　提高创新能力的意见》；2015 年，国家启动“草牧业”和“粮改饲”试点项目；2015 年中央一号文件《关于加大改革创新力度加快农业现代化建设的若干意见》明确提出要加快发展草牧业；2016 年农业部出台《现代种业提升工程建设规划（2016—2020 年）》，实施种质资源保护、育种创新、品种测试和制（繁）种等项目；农业部、国家发改委、财政部、国土资源部、海南省政府联合印发《国家南繁科研育种基地（海南）建设规划（2015—2025 年）》，明确划定 0.12 万 hm^2 科研育种保护区。

目前，科技部积极实施“种业自主创新工程”（2030 年）发展战略，以国家需求与市场导向紧密衔接、品种产业应用导向为原则，强化全产业链科技创新和商业化育种体系建设，促进种业企业创新能力和国际竞争力的大幅提高，围绕发展现代农业和培育战略新兴产业的重大需求，瞄准国际高技术发展前沿，抢占国际种业制高点，保障我国种业安全、粮食安全和主要农产品有效供给。2018 年，国家牧草产业技术创新战略联盟提出建立草种研发平台，建设专业化、规模化和集约化草种生产基地；并提出“一南一北”构想，即在新疆维吾尔自治区等地建立国内最大草种生产区，在海南藏族自治州建立国际最大的繁育基地，在草种业产业布局方面采取主导区域打造、多区域并进建设方式，在全产业链推进中将新疆维吾尔自治区打造为 6.67 万 hm^2 以上连片草种繁育区，建设中国版的“俄勒冈”。

2. 各级政府对草种产业发展的政策扶持

随着西部大开发战略的实施推进，新疆维吾尔自治区草牧业开始由传统向现代化转变，2008 年，自治区党委、政府提出“以改造提升传统畜牧业、开拓创新现代畜牧业为方向，积极推进农业农村经济结构由以种植业为主导，向以畜牧业为主导转变，统筹畜牧业与其他产业协调发展”的发展战略；配套指定的农业补贴、草原生态奖补等政策和牧民定居工程实施对推进草牧业发展起到了积极的推进作用。早在 2006 年以前，虽然在各级政府的积极扶持下，先后建立起了部分草业龙头企业，建立牧草种子生产基地，进行草产品加工和流通。但长期以来，由于运行经费不足、经营体制机制不健全、经营管理不善等因素，牧草种植业和草种业并没有形成规模化、产业化。

2018 年以来，为贯彻落实中央和新疆维吾尔自治区关于脱贫攻坚的总体部署，新疆老科学技术工作者协会围绕促进新疆维吾尔自治区畜牧业发展和加快农牧民增收等问题开展调研，围绕新疆维吾尔自治区乃至全国牧草种子需求、生产情况以及发展我国牧草种业的重要性、紧迫性、可行性深入分析研究，形成了《关于建设万吨牧草种业基地，加快脱贫进程的建议》，自治区人民政府主要领导对该项建议作出重要批示，分管领导召开专题会议研究草种业基地建设规划，为补齐新疆维吾尔自治区牧草种业发展短板、巩固脱贫成果、提高农牧民收入奠定了重要基础。

（六）草种产业发展存在的主要问题

尽管新疆维吾尔自治区发展草种业具有得天独厚的自然气候条件和良好的社会外部环境，但从总体上讲该区种子生产还相对滞后，存在的主要问题表现在以下几方面。

1. 草种产业发展缺乏科学规划和布局

尽管新疆地域广袤，草地资源丰富，但优良草种在农区种植量较少，没有形成种植规模，在草种专业化生产中缺乏科学规划布局，制种田面积小而散，亟须在牧草种子产业的区域化布局中、专业化生产中找对精准助力点。

2. 草种生产管理技术落后

在新疆维吾尔自治区各地州市由于缺乏资金技术投入，没有形成一套完整的牧草制种生产技术，也缺乏相应的草业专业技术人员，种植技术人员基本是基层的非专业人员，机构、人员设置与草种业发展的客观要求不相适应，再加之缺乏有效管理，许多种子田不能按照种子生产标准化建立，生产上未执行统一的管理办法和质量分级标准，不进行科学的田间管理，不除杂，不设隔离带，种子收获及清选加工技术落后，缺乏必备的机械，造成所生产的种子品种混杂，品质退化，异种子超标，净度和发芽率不符合要求，市场流通受阻。从事牧草品种培育的研究力量相对薄弱，缺乏专业人才，经费少且缺乏多元化投入渠道。有些品种的育种目标与实际生产需求存在一定差距，其性状表现往往不突出，需要继续加大研究培育，提升产出价值，以便在生产上得到大面积的推广应用。

3. 草种生产缺乏行业标准

任何一个行业如果没有制定规范标准，那么必然导致行业产品质量水平不一，从而影响整个产品市场的形象。目前，虽然新疆维吾尔自治区在牧草的研究开发领域作出了一定的成绩，但是没有建立一套相对完善的新疆维吾尔自治区当家草种生产标准，对牧草的种植、生产、收获、加工及贮藏等环节也没有制定具体的行业标准。因此，导致产业发展中面临诸多乱象，受利益驱动，许多经营者无证经营，出售种子时不提供任何质量证明，致使一些劣质种子大行其道，干扰了牧草种子市场的正常秩序，影响到牧草行业的健康有序发展。据农业农村部牧草与草坪草种子质量监督检验测试中心（位于乌鲁木齐市）连续多年抽样调查数据显示，目前新疆维吾尔自治区生产的草种合格率不到50%。主要原因是缺乏行业协会拟定的专业化种子田管理制度，部分种子是收割牧草的副产品，未经专业化生产。

（七）建设国家草种生产带的建议

1. 提高思想认识，将草种生产基地建设纳入政府发展规划

在新疆维吾尔自治区农业产业发展布局中，强化种业发展的顶层设计

和长远规划，将专业化草种生产基地建设列入发展规划。加快制定现代草种业发展战略规划，明确草种业发展的指导思想、发展目标、方向、重点及措施。科学规划草种生产优势区域布局，建立优势种子生产保护区，实行严格保护。为确保草种产业持续健康发展，各级财政须加大对优势区域的政策、资金、技术、人才倾斜支持力度。实施优质草种工程，加大草种业基础设施投入，加强育种创新、品种测试和试验、种子检验检测等基础设施建设。将草种繁育基地建设纳入“十四五”规划中，加快建立一批国家级草种基地及区域性草种繁育基地。为确保基地建设中企业按计划实施项目，基地建设中央和地方财政对企业的投入，应采取直接对企业拨款，避免以往将建设经费下达地方财政，再由地方财政转拨企业，因地方财政不能及时拨款，导致企业无法按计划实施项目，甚至将企业拖入濒临倒闭的境地。

2. 建立专业化、规模化草种子集中生产区域

新疆维吾尔自治区地域辽阔，特殊的山盆地貌结构，具有多种多样气候类型和复杂的地形地势，可为各种牧草种子的繁育创造条件。专业化种子生产首先需要建立相对集中的适宜区域，根据调研和数据分析，新疆维吾尔自治区北疆地区气候适应建立专业化草种制种的主产区。尽管该地区的气候条件适宜开展专业化的种子生产，但符合种子生产的地域划分还需进一步科学细化，以便更好地发挥资源优势提高种子生产效益。

3. 扶持和打造“育繁推一体化”草种企业

针对新疆维吾尔自治区本地种子企业规模小、科研实力不强的局面，政府通过政策引导、深化改革对具有发展潜力的企业进行扶持，发展一些能带动整个新疆维吾尔自治区草种业发展的企业，从而在数量和质量上全面提高，推动整个种子行业的迅速发展。鼓励支持各种经营主体通过并购、参股等方式进入草种业，优化资源配置，培育具有核心竞争力和较强

国际竞争力的“育繁推一体化”草种企业。积极推进构建一批草种业技术创新战略联盟，支持开展商业化育种。在基地建设和生产经营上引进企业管理机制，重点扶持和培育一些草种业的龙头企业，制定优惠政策，鼓励实力强、信誉好、业绩优的企业广泛参与草种生产经营，认真研究利益机制，解决好产业化的链条衔接问题。积极发挥政府的引导和服务功能，搞好社会化服务，主动解决龙头企业发展中遇到的困难和问题。组织推广地方优良品种扩繁，发挥地方品种优势，树立草种业的名优品牌意识，努力培育品牌，占领国内乃至国际市场，推进牧草种子产业化经营。鼓励外资企业引进国际先进育种技术和优势种质资源，在区内从事草种研发、种子生产、经营和贸易。

4. 提高制种生产配套机械化水平和研发投入

规模化牧草种子生产除了有良种，还要有土地整理、播种、施肥灌溉、化学防治、收获乃至加工的一系列配套的机械设备。鼓励牧草机械制造企业加强国际合作，坚持引进、消化与自主创新相结合，推动机械设备的普及应用，从田间到仓库提高种子的产量和质量水平。通过各种形式的培训，鼓励农牧民在生产中提高机械化应用程度，提升草种业的现代化水平。再者要进一步加大国家科技攻关等计划中草种和牧草生产机械化技术的研发投入，全面提高优质草种供给能力和牧草机械化技术水平。

5. 强化监督管理，规范和净化草种生产经营市场

市场是草种业发展的基础，而法规、政策、制度是健康种子市场的保障。在种子繁育、生产、加工、贮藏、营销全过程中建立科学的种子质量体系，实行草种认证制度，对草种产—加—贮—销等重要环节进行监督和检测，确保所生产的牧草种子符合质量标准与要求，依法维护和保障草种生产与消费者的合法权，明确市场监管的主体责任，营造公平竞争、健康有序的发展环境，实现种子销售优质优价。在实施退牧还草、农业结构调

整、草原生态奖补，以及发展草牧业等政策和建设项目过程中，积极引导和鼓励优先使用国产优良草种，在项目招标、良种补贴、税收政策等方面给予优惠。

6. 加强草种业人才队伍建设和专业技术人员培养

实施草种业发展战略，应切实加强草种业人才队伍建设。人才队伍建设应注重两方面：一是应扩大草种业从业人员规模。这不仅要扩大草业科技人才规模，更要扩大管理人才、经营人才、技术人才规模；二是加强从事草种业生产的各种人才梯队建设，避免人才断层。由于种子生产的专业性和特殊性，草种业呈现出对人才要求的专门特点，表现在技术水平和专业程度都具有较高能力的人员才能胜任，还有种子生产周期长的因素，这些均对种子生产专业技术人员梯队建设提出了专门的要求。

二、草种业建设的可行性分析

（一）草种业建设的必要性与意义

1. 加强草种业建设是实现协调发展的战略举措

当前，国家正在大力推进生态文明建设、加强草原保护、实施农业结构调整、积极发展草牧业，这在客观上要求必须有发达的草种业作为坚实的支撑（刘加文，2016）。党中央、国务院高度重视种业发展，先后做出一系列重要部署，“十三五”规划也明确提出要大力发展现代种业。2015年中央一号文件《中共中央国务院关于加大改革创新力度加快农业现代化建设的若干意见》明确提出要加快发展草牧业。国家各项政策和工程有序开展，为现代草种业提供了重要发展机遇，党中央提出统筹山水林田湖草系统治理的方针，更为振兴我国民族种业指明了方向。就新疆维吾尔自治区而言，随着草原生态保护及退牧还草奖补机制的逐步展开，优良牧草示范田的推广，都指向了畜牧草原整体发展的软肋——自主选育的牧草优良品种的本地化生产。这对今后新疆维吾尔自治区乃至全国草种产业的发展都将是一个重大的挑战。转变观念、提高认识，因时因地制宜发展草种产业是新疆维吾尔自治区实现协调发展的重要战略举措。

2. 加强草种业建设是实现新疆维吾尔自治区畜牧业高质量发展的有效途径

草种是发展现代畜牧业，以及种植业“三元结构”建立的物质基础，与粮食作物、经济作物一样，在保证食物安全和持续发展经济具有同等重要地位，是国家战略性、基础性产业，是促进农牧业长期稳定发展的根本。优质草种是推动整个草业健康发展的物质基础，特别是近年来面对产业结构的调整，传统畜牧业向现代畜牧业转变及国家实施生态文明建设的形势下，对优质草种的需求量急剧增加。新疆维吾尔自治区作为我国主要牧区之一，畜牧业在新疆维吾尔自治区经济发展和社会稳定过程中起到非常重要的地位。牧草种子在改良退化草地和建植人工草地来维持和提高畜牧业经济发展中发挥了重要作用。过去，新疆维吾尔自治区草种业发展虽然获得了一定的成绩，但是由于本地草种加工企业起步较晚，种业发展层次低、科技进步贡献率低、市场份额逐年减少，“育繁推一体化”企业较少，这些现状与新疆维吾尔自治区丰富的光热水土资源不相适应，与推进现代化草业和畜牧业发展的要求不相适应，是新疆维吾尔自治区现代畜牧业绿色可持续发展的“短板”。新疆维吾尔自治区是公认的具备发展规模化种业所有条件的主要省区，具备与草种生产水平先进国家相似的生产条件，可成为我国重要的草种生产基地，给本地区经济、社会带来较大效益。新疆维吾尔自治区光、热资源丰富，种子生产季节干旱少雨，绿洲农业灌溉条件良好，因此具有发展草种产业的优越自然条件。新疆维吾尔自治区独特的自然地理与气候条件孕育了该区域丰富而独特的牧草种质资源，充分开发新疆维吾尔自治区优质草种质资源优势，积极发掘优良抗逆基因，培育出适合新疆维吾尔自治区气候条件的优良牧草品种，对于促进新疆维吾尔自治区草牧业和畜牧业高质量可持续发展具有重要意义。

3. 加强草种业建设是新疆维吾尔自治区实现生态文明的必然选择

草种业作为现代草业的重要组成部分，为退化草原恢复、生态环境保护、高产人工草地建设，以及草坪建植等方面提供物质保障。新疆维吾尔自治区是我国生态环境极脆弱区之一，所面临的生态环境安全问题较其他地区更为突出。虽然自治区人民政府始终给予了充分重视，也采取了一系列防范与治理措施，取得了一些成绩与效果，但整体环境恶化的趋势没有根本扭转，大面积国土资源生态问题越趋严重，面临着退化的严峻挑战（朱进忠，2006）。加快草原生态保护建设和推进草牧业健康发展，将是自治区未来一个时期贯彻习近平总书记生态文明思想、落实乡村牧区振兴战略的核心任务。草种产业的发展已经成为自治区草原保护与修复的主要制约因素，急需生态型和牧草型草种资源的支撑。因此，开展“草种引领”工程的规划和设计工作，加强草种业建设是实现新疆维吾尔自治区生态文明建设的必然选择。

（二）产业建设的可行性分析

1. 资源条件的可行性

长期以来，草种作为改良退化草地、建植人工草地提高草地畜牧业生产的物质基础，在草原建设和畜牧业经济发展中发挥了重要作用。科学研究与实践证明，新疆维吾尔自治区大部分地区具有生产草种和建立草种产业优越的自然条件。新疆维吾尔自治区“三山夹两盆”的地形地貌及独特的自然地理与气候条件孕育了该区域丰富而独特的牧草种质资源。其中，野生植物资源有高等植物 3270 种（含亚种和变种），分属 108 科、687 属，分别占全国植物区系科数的 30.5%、属数的 21.6% 和种数的 12.1%；可作为家畜饲用的牧草数量就达 2930 种，其中在草地中分布数量大、饲用价值较高的有 382 种，占牧草资源总数的 13.04%（《新疆草地资源及其利用》，1993）。许多种类在我国仅存于新疆维吾尔自治区，如旱生植物、沙生植物、盐生植物等可利用的抗逆植物资源有数百种，这些特有种质资源是抗逆基因挖掘和新品种选育的重要基础材料。许多在世界上公认的优良牧草，在新疆维吾尔自治区均有较大面积的分布，特别是苜蓿系列品种，无论在国际和国内市场上均占一席之地。多年来，新疆维吾尔自治区育种专家已经成功地培育出“新牧系列苜蓿”、和田大叶苜蓿、奇台苏丹草、巩乃斯木地肤等 26 个优良牧草品种，已有 6 个品种正在建立扩繁基地，计划大面积推广，这些宝贵的资源为草种业的发展奠定了坚实的基础。

新疆维吾尔自治区特殊的气候等条件造就了该地区天然种子生产优势。丰富的光热资源，以及长日照、高积温特点有利于种子有机物的积累，生产的种子饱满均匀、千粒重大、发芽率高、生命力强、种子含水量低。日照时数长，全年日照时数为 2500 ～ 3400 h，是全国日照最丰富的地区。干燥无风、蒸腾作用强烈、昼夜间温差较大的气候条件，有利于牧草的光合作用，以及促使更多的营养物质向种子转移。沙漠、戈壁、绿洲为种子生产提供了天然隔离条件。

新疆维吾尔自治区具备适宜大多数牧草开花的日照长度。日照时数长，全年日照时数为 2500 ～ 3400 h，是全国日照丰富的地区之一。适宜苜蓿、三叶草等长日照植物进行花芽分化，繁殖种子，保证良好品质。开花成熟期具有稳定、晴朗的天气。8 月牧草种子成熟期正是新疆维吾尔自治区干燥无风、蒸腾作用强烈、昼夜间温差较大的时期，有利于牧草的光合作用和开花授粉，充足的光热还有利于抑制病害的发生。

新疆维吾尔自治区土地面积较大，为种子产业的发展提供了良好的土地资源条件，是很好的种子生产基地。

综上所述，新疆维吾尔自治区光热与植物种质资源丰富，种子生产季节干旱少雨，绿洲农业灌溉条件良好、土地面积大，具有发展草种产业的优越自然条件。在该区发展草种业，能充分利用和发挥农业自然资源优势，具备与草种生产水平先进国家相似的生产条件，是温带牧草种子生产的理想区域，生产潜力将达到甚至超过美国西部等世界主要草种生产区，是世界上又一个适合温带牧草种子生产的区域，可成为我国重要的草种生产基地。

2. 技术支撑的可行性

经过近 40 年的科研与生产实践，新疆维吾尔自治区的牧草种子生产，从种植、田间管理、收获、加工、清选等方面的技术均有一定的技术积累，基本实现了生产栽培技术与优质牧草品种、高产性能相配套，并逐步形成具有一定规模的牧草种子生产、营销体系。建立了完备的牧草种子质量认证制度，也形成了一批经国家草品种审定委员会审定的优良牧草品种，截至 2017 年，通过国家草品种审定委员会审定的品种达到 26 个。其中，禾本科牧草品种有 11 个，豆科牧草品种 9 个，其他 6 个；包括苜蓿、红豆草、无芒雀麦、偃麦草等在世界上广为栽培的优良牧草品种。这些牧草品种抗逆性强，具有极强的适应性，在产量和数量上占有优势。在草种繁育方面，特别是在苜蓿种子生产方面，科研与生产均居于国内先进水平，建设现代草种产业具有品种储备和技术保障。

3. 市场形成的可行性

新疆维吾尔自治区具有耕地面积大、机械化程度高等优势，可使其成为我国重要的种子繁殖生产基地之一。国外许多作物种子企业已经瞄准了新疆维吾尔自治区得天独厚的制种基地，开始进入新疆维吾尔自治区，致使新疆维吾尔自治区对外制种面积逐年增加，这给本地种业的发展既带来了机遇也带来了挑战。目前已有多家种子企业在中国种业排名中位次靠前。事实证明，新疆维吾尔自治区作物种子企业正处在一个蓬勃发展的阶段，可在政府政策的扶持下，抓住有利机遇、发挥企业自身优势，推动现代化种子产业和育繁推一体化的新疆种业体系建设。从经济层面看，草种产业是充满生机的朝阳产业，完全可以成为新疆维吾尔自治区草产业的亮点和经济发展的新增长点。

新疆维吾尔自治区位于一带一路建设的核心区，是我国连接中亚和欧洲的桥头堡和纽带。新疆维吾尔自治区在“一带一路”的功能定位中具有举足轻重的作用，与周边多个国家接壤，是向西延伸的重要据点。凭借独特的区位优势和向西开放重要窗口作用，可形成丝绸之路经济带上重要的交通枢纽、商贸物流和文化科教中心，成为丝绸之路经济带的核心区。生态环境建设是丝绸之路经济带重要的组成部分，草种业的发展对打造高品质的绿色生态屏障，提供环境建设必需的种质资源具有重要的意义，丝绸之路经济带的建设为草种业发展也提供了前所未有的机遇。

4. 组织模式的可行性

规模化草种子生产基地在建设过程中，创新了多种可复制、可推广的产业发展模式，如比较成熟的公司 + 农户 + 技术机械服务模式、“公司 + 育种单位 + 合作社”的组织模式。以上模式可有效降低企业土地、劳动力等成本，降低单一农户生产模式的风险；育种单位的参与可保障牧草新品种的研发与生产需求的同步性和新品种利用的时效性；通过合作社参与，可以有效保障农户利益，提高草种子质量。

5. 促进社会发展的可行性

草种子是最基础的农业生产资料，位于农牧业产业链的最上游。在我国人口和人均粮食消费量下降，人均奶肉等畜产品消费量持续增长，耕地面积等资源无法再增加的现状下，草种子对推动农牧业发展的作用日益凸显，特别是抗逆性强的优良牧草种子对保证国家粮食安全起着至关重要的作用。据估计，我国良种对种植业产量增长的贡献率为 30% ～ 40%（苏丽丽，2013），创造了巨大的社会效益，一方面可有效解决当地农村劳动力就近就业、促进社会和谐、保障社会的安定；另一方面可实现草牧业、草原生态和国土绿化持续健康稳定发展、保障国家粮食和生态安全。

6. 政策、制度保障的可行性

作为草原生态保护、天然草原改良、人工草地建设、城乡绿化等重要生产资料的草种，近年来在我区农业结构调整、生态环境建设、牧区经济发展方面发挥了重要作用，国家也加大了对我区牧草种子基地建设投入，社会对良种需求会越来越大，要求会越来越高，必将极大地促进草种业的繁荣与发展。当前，国家和新疆维吾尔自治区的扶持政策为自治区草种业的发展提供了有利的政策环境，既指明了方向，明确了种子企业的主体地位，也为种子企业的发展提供了基本保障，草种产业正面临有利的发展机遇。

（三）建设思路、区域布局与产业模式

1. 建设思路

（1）提高认识。草种业建设与发展须列入新疆维吾尔自治区中长期发展规划，根据新疆维吾尔自治区的生态、经济、技术条件，因地制宜制定主要草种子专业化生产区域规划，培养种子繁殖专业技术人员，完善现代草种业发展配套的政策。通过长期建设，力争建成在国内有影响的国家级草种基地和现代草种企业。

（2）政府引导。充分发挥中央投资的引领作用，调动农民、企业和社会各方面的积极性，构建多元化投入机制。探索以政府购买服务形式，开

展科研院所和高校共同参与草原生态修复工程实施工作，推进新技术、新品种、新方式的普及应用，使科研成果与草原生态保护与修复密切结合，达到双方共同受益，提升科研人员研发积极性。同时，强化现有生产基地建设与管理，加强质量认证和市场监管，依法促进草种产业健康持续发展，为自治区和国家草原生态建设服务。

（3）基地建设。要加大种子基地的基础设施和机械设备建设力度，改善生产、加工条件，避免只重视种子田的建植而忽视其他生产环节的配套，全面推进种子基地现现代化发展进程。采取“公司＋合作社或农牧户”的良种繁育模式，建立共赢发展机制，优化合作方式，充分发挥各经营主体在人力、物力、资本等方面的优势，实现企业农户协调发展。

（4）企业发展。以建立集草种生产、研发和经营为一体的现代草种企业为目标，走科技引领、规模化繁育、标准化生产、品牌化经营的产业化发展道路。企业所在地政府应积极发挥政府的引导和服务功能，搞好社会化服务，主动解决企业发展中遇到的困难和问题，组织推广地方优良品种扩繁，发挥地方品种优势。

（5）市场规范。加大公司产品的示范与推广力度，尽快在自治区内形成市场。把育种环节、繁育环节、销售环节有机结合起来，各方资源整合协作，快速提升草种业创新能力、供种能力、竞争能力，确保优良草种供种数量和质量，实现草种产业的可持续发展。完善现代草种业发展配套的政策与法规，加强种业生产、市场的监管。

（6）健全草种业政策规章。按照党中央在十九大报告中提出的统筹山水林田湖草系统治理的方针，在深入贯彻实施《中华人民共和国草原法》《中华人民共和国种子法》和《草种管理办法》的基础上，完善草种业相关的土地、税收、投资等配套政策，完善促进产业化发展的激励政策和监管措施。

2. 区域布局

牧草不同种及品种适宜进行种子生产的地区不相同，同一牧草在不同地区的种子产量差异很大，生产效益也显著不同。因此，在布局牧草种子生产基地时，要充分考虑具体草种的生长发育特点及结实特性，根据当地的气候条件选择最适当的品种进行生产。种子生产实行宏观调控，合理安排种子基地建设。根据新疆维吾尔自治区南北疆气候特点、水土资源条件，草种基地的布局主要集中在北疆区域。

1）基本情况

适宜制种区域位于新疆维吾尔自治区天山北坡、伊犁河谷，以及阿尔泰山以南地区，包括博乐市、伊犁哈萨克自治州、塔城市、阿勒泰地区。该区域是新疆维吾尔自治区草地畜牧业较为发达地区，发展人工种草潜力大。草牧业生产方式以“放牧+补饲”为主，经营模式多样，环境承载力大，涉及牧草良种繁育的基础硬件设施及技术储备条件较好。虽然该区域年降水量一般为200～350 mm，但具有能够满足可用于灌溉的水资源。该区域的部分逆温地带极其适应本地优良牧草的繁育和生产。

2）草种布局

种子基地的布局应依据该区域自然环境条件、草种生物学特性和草种生产的适宜性进行布局。以往研究证明，天山以北的伊犁哈萨克自治州、塔城市和阿勒泰地区从自然条件、水土资源和生产草种的适宜性，有发展草种生产的优势，适宜国内多种优良牧草繁殖。因此，在草种基地建设布局上，上述三个地区应作为自治区草种生产的制种中心进行重点建设（图2）。该区域以生产优质豆科牧草苜蓿和生态用种为主，实施好畜牧养殖所需的苜蓿、红豆草、苏丹草、燕麦，生态用种蒿子、木地肤、驼绒藜、冰草、无芒雀麦等经济和生态效益较高的草种繁育与推广。原则上既保持苜蓿的主导地位，也要保证草种的多样性。

3）主推模式

围绕“共享、提质、增效、绿色”的基本方针，选择产、学、研、商相结合，且有一定技术储备的龙头企业，在政策和资金上给予重点扶持，共享生产要素，建立集草种生产、科研和经营为一体的现代草种企业，走科研引领、规模化繁育、标准化生产、品牌化经营的产业化发展道路。为了更好地挖掘饲草料生产潜力，积极探索“牧繁农育”和“户繁企育”的良种繁育模式，发挥各经营主体在人力、资本、饲草等方面的优势，实现牧区与农区协调发展，种养殖户与企业多方共赢。推动综合性龙头企业实行“种好草、养好畜、重环保、出精品”“互联网＋草业”“种养加一体化”模式和“公司＋合作社＋基地＋农牧户”的种养结合发展模式等。

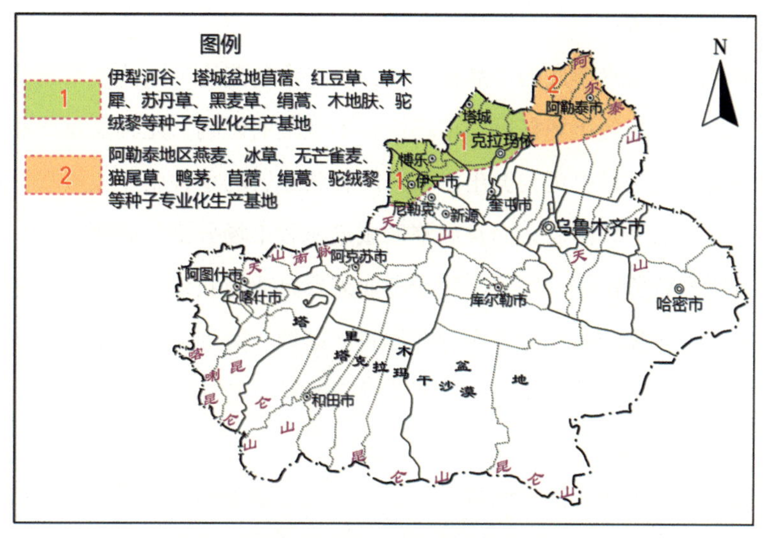

图2 新疆维吾尔自治区草种生产建设布局

（四）风险因素及对策

1. 风险因素

草种业作为一个产业，在发展过程中必然会存在一些风险因素，包括政策风险、市场风险、行业风险、经营管理风险等。因此，要事先识别这些风险因素，并能采取有效的风险防范措施。

1）政策风险

由于草种业作为一个重要的农业生产资料，在我国占有战略性地位，因此草种业的发展容易受到国家和地方政策性变动的影响。在市场逐渐开放的前提下，面对日益复杂的市场经济环境，我国国内的种子企业长期受国家政策的保护，一旦政策发生变动，我国种子企业将失去政策上的优惠支持，同时在国外种业巨头的冲击下，将会处于劣势。这是国内种子企业可能面临的政策风险。

2）市场风险

草种产业最终形成的产品是草种，参与市场流通，因此在市场营销过程中，必然会受到市场拓展与市场经营不规范的影响，尤其是在产业建设初期，这一问题显得更为突出。现存的新疆地区的草种企业大多数都规模较小、技术水平较落后，而且面临区域壁垒和市场分割等问题，没有形成一个有序的竞争市场。同时，种子行业需要企业与农户之间建立一定的稳定联系，这些弊端容易导致企业在原料、基地、劳动力，以及人才技术等方面的分离，从而给企业未来的市场竞争带来一定风险。

3）行业风险

由于行业内相关法律法规不健全、执法力度不够、市场分割、市场主体竞争行为不规范等因素，造成套牌、假冒种子在市场上频繁出现，种子侵权事件比较普遍地存在，目前还缺乏有效的打击、制约手段，这严重影响了企业和农民的利益。一个新品种上市后，在不长的时间内，套牌、假冒种子就可能出现在市场上，使新品种的市场销售受到冲击，同时，也会对企业的品牌和信誉造成不良影响。

4）生产经营风险

生产经营的风险主要包括生产风险、加工风险。具体的风险内容包括：生产出的种子数量高于或低于企业的需求或企业经营能力，种子加工技术不能保证种子的水分降至安全含水量以下，从而导致种子质量不能满足质量等级和发芽率的相关标准，产出的种子在质量上不符合国家或行业的特定标准，以及新的生产技术革新与应用而带来的风险。种子市场价格的变动也会影响公司的收入，进而影响公司投资回收期，由此带来公司的经营风险。此外，由于种子经营存在季节性、周期长以及地区差异性等方面的特点，种子公司需要提前 2 ～ 3 年的时间对市场做出判断，并制定初步销售规划，生产经营中的决策风险较大。

5）自然灾害风险

新疆维吾尔自治区属于绿洲灌溉农业，旱灾、冰雹、风灾、冻灾等自然灾害频发。自然灾害一旦发生，就有可能对农业生产带来巨大的经济损失。

2. 对策

1）政策风险的应对策略

面对可能存在的政策性风险时，要及时地把握国家对农业制定及实施的相关政策条款，并根据企业自身条件，制定和改变企业的战略规划，以适应整个种子行业发展的需求。同时，应密切关注国内及国外种子行业的发展动态并尽快调整企业的发展战略，争取走在同行业的前列。

2）市场风险的应对策略

应该加强市场的研究与预测工作，在现代信息基础之上，组织专业的技术力量，实时监控产品的经营及市场的发展变化情况，针对市场的变化，实施一定的市场对策，及时地安排和调整企业的生产结构，提高企业应对市场的应变能力。

3）经营管理风险的应对策略

应对经营管理过程中的风险，应注重应用企业的品牌效应，以赢得较高的市场知名度和美誉度，并走精品种子的道路，加强企业的科研资金投入，与科研单位进行合作，根据客户要求，对不同质量、不同商品性的种子进行分级管理，对不同地区做富有地域特色的包装。此外，要加强售后服务技术队伍建设，注重提供种子的全程技术服务，建设良种推广服务体系，为公司持续发展提供广阔的成长空间。

（五）结论

新疆维吾尔自治区土地面积较大，具有得天独厚的水土光热等自然资源，为草种产业的发展提供了良好的资源条件，是理想的种子生产加工基地。为保证新疆维吾尔自治区种业持续健康发展，需要在国家政策扶持下利用自身的资源优势，抓住西部大开发和“一带一路”带来的机遇，加快优势资源整合，采取合理的营销策略，加大科研投入，完善自身实力，创建自主品牌，在守住新疆维吾尔自治区本地市场的情况下，发展为跨国种子企业，逐步进入国际市场。新疆维吾尔自治区草种业要实现由资源优势向产品优势转变，就必须大量地、广泛地应用优良品种，以提高优良草种的产量和质量，为草种业的发展提供广阔的市场发展空间。

第三章 甘肃省草种产业发展现状与建设可行性研究

甘肃省位于中国西北地区，东通陕西省，西达新疆维吾尔自治区，南瞰四川省、青海省，北扼宁夏回族自治区、内蒙古自治区，西北端与蒙古国接壤。介于北纬 32° 11′～ 42° 57′，东经 92° 13′～ 108° 46′，东西长 1659 km，南北宽 530 km，总面积 42.58 万 km^2。甘肃省地处青藏高原、黄土高原、蒙新高原三大高原交汇地带，属黄河、长江及内陆河流域，是典型的农牧过渡区，地貌复杂多样，地势西高东低，地形以山地、高原为主，大部分地区海拔在 1000 m 以上，是一个山地型高原省份。各地气候类型多样，从南向北包括了亚热带季风气候、温带季风气候、温带大陆性（干旱）气候和高原高寒气候四大气候类型。大部分地区干旱少雨，气温日差较大，光照充足，太阳辐射强。全省各地年降水量为 36.6 ～ 734.9 mm，大致从东南向西北递减，乌鞘岭以西降水明显减少，陇南山区和祁连山东段降水偏多。

甘肃省草种业起步最早。20 世纪 50 年代初，甘肃省天水市水土保持站最早在天水市吕二沟开始扩繁草木樨种子，几年时间繁殖了几百万千克种子。20 世纪 70 ～ 80 年代中期，是甘肃省牧草栽培和种子生产大发展阶段。在此期间，原农业部在武威市黄羊镇甘肃农业大学牧草站建立了红豆草良种繁殖基地，同时将红豆草推广到全国 14 个省份。甘肃省草原技术推广总站以王素香总工程师为代表的技术团队在中部通渭县申家山成功建立草地农业示范点开始，以红豆草为主，建立了国内第一个草种基地、第一批草种子国有企业以及市场主体，促进了国内草种业市场的萌发。20 世纪末，第一次西部大开发，国家启动了“草种繁育基地建设”“天然草原植被恢复与建设”和“退牧还草”项目，在这些项目带动下，甘肃省先后建设了苜蓿、红三叶等一批专业化种子基地，孕育了一批种子营销企业，草种市场得到进一步发育，草种市场主体较快发展，一些最早开展制种的企业先后在甘肃省落地，如酒泉市的大业种业有限责任公司、未来草业公司和甘肃创绿草业等。草种业经过改革开放近 40 年的发展，甘肃省作为产业前沿地带，从无到有，已成为全国草种生产大省、草种集散中心和草种管理任务较重的省份，在草种产业基础设施、科技培育、品种质量和行业管理等方面积累了一定的基础。截至 2018 年年底，全省种子田面积达 2.8 万 hm^2，种子产量 2.93 万 t，其中紫花苜蓿种子田面积为 2.0 万 hm^2，占种子田总面积的 72.68%，种子产量为 0.82 万 t。尽管甘肃省草种业起步早、发展快，但目前草种产业仍面临着诸多问题。

一、草种产业发展现状

（一）草种基地建设及运行现状

目前，甘肃省草种基地专业化格局基本形成。2017 年，甘肃省建成各类草种基地面积达到 3.613 万 hm^2，年产各类优质草种子 3.23 万 t，不仅保障了甘肃省的草种需求，且每年向外省区提供种子 1000 t。2010 年，甘肃省牧草良种率约为 50%，优势产区达到 80%。在国家种子基地建设项目和饲草产业发展的带动下，甘肃省逐步形成了各具特色的种子生产加工基地，形成了苜蓿、燕麦、红豆草、垂穗披碱草、红三叶、猫尾草等优质牧草的专业化生产和销售。河西走廊逐步形成温带牧草种子扩繁基地，甘南高原形成耐寒牧草种子扩繁基地，陇中和陇东形成苜蓿、红豆草、多变小冠花、箭筈豌豆、燕麦种子扩繁基地。

目前，陇中、陇东和河西走廊等地每年都有大量苜蓿种子生产和外运；毛苕子、箭筈豌豆在河西地区、白银市、定西市、陇南市、天水市等地都曾大面积种植，每年生产数百万千克种子，供应本省和邻省；燕麦在洮岷山区、祁连山沿山冷凉地区大量种植，年产数百万千克种子供应本省、青海省、西藏自治区乃至云南省、贵州省；猫尾草在岷山种畜场曾有大的发展，是当地表现优良的牧草，种子亦年产数吨，是全国唯一的猫尾草种子生产基地。老芒麦、披碱草、垂穗披碱草在山丹军马场、肃南县皇城草籽场、甘南州草原站等单位都有过较大规模的生产；小冠花在天水市曾发展到 2000 余 hm^2，至今仍有 60 余 hm^2 保存。苏丹草在河西、陇东种植，表现良好，年产 50 ～ 100 t 商品种子。红三叶在岷县、天水市、临洮县等地也曾有卓越的表现，岷山红三叶和天水红三叶都经全国牧草品种审定委员会审定并登记注册，岷山红三叶已立项保种繁殖，计划建立种子田 350 hm^2 左右。百脉根是优良的牧草和草坪草，在甘肃农业大学曾繁育过 2 hm^2。目前，除新疆维吾尔自治区，国内其他单位已很难找到百脉根的国产种子。鹰嘴紫云英是优良的牧草和水土保持植物，在甘肃农业大学曾有 7000 多 m^2 种子田，亟待繁殖推广。高羊茅、草地早熟禾、一年生黑麦草或多年生黑麦草，在甘肃省内多点种植均表现较好，但亦未形成规模。

多年来，甘肃省仅蓿种子每年调出省外的就多达 500 t，燕麦、苏丹草种子大量调往外省，红豆草、草木樨等也销售国内许多地方。如黑龙江省奶牛养殖快速发展，预计需抗寒的苜蓿品种种子约 2500 t。云南省每年需苜蓿种子 20 t 左右，全国需求苏丹草种子 1000 t 以上、燕麦种子 5000 t 左右，草坪草种子需求为 5000 ～ 6000 t，而柠条、草木樨、毛苕子、箭筈豌豆、老芒麦等种子需求量一般在千吨左右。国内需求就是一个广阔的市场，如果质量保证，牧草饲料作物种子出口也是完全可行的。

将甘肃省建成我国重要的草类种子生产基地，其前景十分广阔。一是随着人民生活水平的提高，对畜产品需求不断增加，促使牧草种植面积不断扩大，进而对种子的需求量急剧增加。二是国内草坪草种子几乎全靠进口，花费大量外汇，适宜性也难保证；而国产的种子价格较低、就近方便、贮存时间短、发芽率高，因此，不少建坪用种转向国产种子，推广应用前景好。三是随着我国牧草育种水平提高和新品种陆续登记和推广，新品种已逐渐被农牧民所接受，求购日趋活跃，也刺激了草种子生产。

从 2019—2020 年调研的 12 个牧草种子基地分析，苜蓿种子基地最多有 10 个、猫尾草和红三叶种子基地 1 个、沙拐枣种子基地 1 个。截至 2019 年 6 月，建设单位为企业的 4 个牧草种子基地运行良好；4 个基地目前没有进行种子生产，1 个情况不详，1 个种子基地保留了少量面积的种子生产。综合分析，近几年的牧草种子基地运行较好，但也有因企业管理机制存在问题而运行较差的基地。

（二）草种经营主体建设及经营现状

过去，甘肃省牧草种子的生产主要以农户生产为主。近年来，牧草种子企业成为草种生产经营的主体。例如，酒泉未来草业有限责任公司在酒泉市建立了 200 hm^2 苜蓿种子基地，酒泉大业种业有限责任公司在酒泉市建立了 100 hm^2 苜蓿种子基地、酒泉市上坝镇 100 hm^2 草坪草种子基地、白银市景泰县约 67 hm^2 紫花苜蓿种子基地，甘肃创绿草业科技有限公司在平凉市灵台县龙门乡建立约 87 hm^2 牧草种子基地，甘肃创绿草业科技有限公司在酒泉市金塔县和肃州区建立了 200 hm^2 苜蓿种子生产基地。同时，草种子的生产条件逐年改善，生产技术和水平逐渐提高。酒泉未来草业有限责任公司和甘肃创绿草业科技有限公司采用公司 + 合作社（农户）的技术、设备联营模式，苜蓿种子产量平均不低于 900 kg/hm^2，农户平均达 1350 kg/hm^2。目前，甘肃省草种业已经产生了规模性产业的萌动。

由于生产的优质苜蓿种子成本高，进口种子价格低，以及质次的苜蓿种子充斥和扰乱市场，专业化企业生产的国产苜蓿种子受到进口种子的冲击，加上政府招标采购项目的最低价中标政策，导致国产草种销售不畅，不具备市场竞争力，企业效益也相对较差。农牧民进行草种生产时，由于不计算劳力成本和土地成本，故效益尚可，但专业化程度不够，质量较差。草种生产和经营管理较好的企业，种子产量高、销售佳，经营状况好，效益也好。

（三）草种供求现状

自 2015 年实施粮改饲项目以来，甘肃省人工种草面积逐年增加。2017 年，甘肃省人工种草面积新增 470.62 万 hm^2，包含多年生牧草 41.38 万 hm^2 和一年生牧草 429.24 万 hm^2。其中，多年生牧草中主要以苜蓿、披碱草、老芒麦、冰草和红豆草为主，种子需求量分别约为 2773 t、3320 t、1742.5 t、1210 t 和 2040 t；一年生牧草主要以燕麦、青贮专用玉米、青贮青饲高粱、草谷子和箭筈豌豆为主，种子需求量分别约为 15790 t、3855 t、247.2 t、1161 t 和 956 t。

甘肃省作为全国的草业大省之一，独特的地理位置和多样的气候条件为草种生产提供了良好基础。截至 2017 年年底，全省种子田面积达 3.613 万 hm^2，种子产量 3.23 万 t，主要有燕麦、苜蓿、小黑麦、草谷子、箭筈豌豆、披碱草和红豆草等。其中，苜蓿种子田面积为 2.26 万 hm^2，占种子田总面积的 62.55%，种子产量为 0.79 万 t；燕麦种子田面积为 0.42 万 hm^2，占种子田总面积的 11.62%，种子产量为 1.08 万 t。

随着人工种草面积的逐渐扩大，甘肃省草种进口数量和种类也在不断增加，2014 年，甘肃省进口草种 462.40 t，主要为苜蓿，占 51.36%；2015 年和 2016 年，甘肃省进口草种主要以燕麦为主，占比分别为 82.07% 和 95.68%；2017 年，共进口草种 879.17 t，其中燕麦种子占 45.41%，苜蓿种子占 41.75%；而到 2018 年，共进口草种 5037.8 t，其中多年生黑麦草种子占43.67%，一年生黑麦草种子占27.79%，苜蓿种子占12.12%，并进口了部分鸭茅和苇状羊茅种子。

（四）建设草种产业技术储备

1. 草种选育技术保障

1）具有丰富的种质资源和完善的基础平台

草种质资源的遗传多样性是优良草品种选育的必要条件，在全国18个草地大类中，甘肃省含14个，有草地资源博物馆之称。植物近3867种，分属203科993属。此外，在甘肃省草产业技术创新战略联盟推动下，建成了西部地区草种质资源库，完成了甘肃省临泽国家牧草种质资源圃建设，建成了由甘肃省草原技术推广总站统一管理的12个牧草品种区试（育种）综合试验站，加上高校、科研院所及市县推广体系和企业自建的各类试验站，全省现有30个覆盖不同区域的试验站。这些种质资源库、种质资源圃和区域试验站的建设是甘肃省草种收集、保护和选育的有力保障。

2）具有成熟的育种技术和强大的育种团队

甘肃省草品种选育工作开始早，选育新品种较多，其中甘肃农业大学选育的甘农系列苜蓿新品种表现优良，得到了大面积的推广。甘肃农业大学、兰州大学和中国农业科学院兰州畜牧与兽药研究所是甘肃省主要进行草种选育工作的科研单位。其中，甘肃农业大学的育成品种主要采用传统育种技术（杂交育种和引种驯化），育成品种有甘农9号紫花苜蓿、甘红1号红三叶、甘农8号杂花苜蓿；兰州大学培育了兰箭1号箭筈豌豆等品种；中国农业科学院兰州畜牧与兽药研究所主要采用航天育种技术进行牧草新品种的培育，育成了如航苜1号紫花苜蓿等草种。

除了传统育种，转基因育种技术也在草品种培育工作中被广泛应用，但因其具有一定的安全风险，其转基因株系大多停留在实验室阶段，未进一步进入田间区域试验。2020 年 7 月 1 日，兰州大学草地农业科技学院草类作物育种与种子研究所科研人员选育出的 4 个转基因紫花苜蓿新材料，率先获得了农业农村部农业转基因生物安全管理办公室的批准，进行大田种植试验，这标志着转基因牧草分子育种取得了阶段性进展。

3）草品种审定工作逐步规范

2010 年以来，随着国家草原重大建设工程实施和草原畜牧业的快速发展，各省区对优良草种需求增多。为推动甘肃省牧草种质资源创新利用，2011 年 12 月甘肃省农牧厅成立了第一届草品种审定委员会。甘肃省第一届草品种审定委员会召开了 2 次审定会议，评审申报材料 27 份，审定登记 16 个新品种。其中，育成品种 6 个，引进品种 8 个，野生栽培品种 2 个。2018 年，甘肃省林草机构改革，甘肃省草原技术推广站划入甘肃省林业和草原局，甘肃省草品种审定工作重新启动。2020 年 1 月，甘肃省林业与草原局组织修订了《甘肃省草品种审定委员会章程》《甘肃省草品种区域试验站管理办法》，制定了《甘肃省草品种审定办法》，进一步规范了草品种审定登记程序。

2. 草种扩繁技术储备

甘肃省是全国草种集散中心。20 世纪 80 年代末，借国家战略中“第一次西部大开发”之东风，从国家层面启动了“草种繁育基地建设”“天然草原植被恢复与建设”和“退牧还草”等重大项目，在这些项目带动下，甘肃省先后建设了苜蓿、红三叶等一批专业化种子基地，孕育了一批草种营销企业，草种市场得到进一步发育和发展，一些最早开展草种扩繁制种的企业先后在甘肃省落地，如酒泉市的酒泉大业种业有限责任公司、酒泉未来草业有限责任公司和甘肃创绿草业科技有限公司等，以河西走廊为主要区域，从技术、设备、运营等模式上艰难融入国内草种市场。

在市场驱动下，经过多年探索，当前甘肃省草种扩繁、生产的主要模式有 6 种。

（1）大业种业全产业链模式：以酒泉市为主，以大业种业、未来草业为代表，利用自有或租赁土地，和育种家合作，从种植到销售开展全产业链制种。

（2）张掖市高台县小海子村模式：育种家＋草种经营企业＋制种合作社。

（3）通渭县模式：农户＋经营企业＋全国市场，以农民分散制种为主，经营企业通过零散收购，再经过加工销售的模式。

（4）岷县模式：针对岷山红三叶和岷山猫尾草，农户采种＋农户利用＋本地市场（就地消化）。

（5）黄土高原苜蓿模式：农户采种＋合作社和企业收购＋企业加工包装＋世界市场。

（6）甘南藏族自治州模式：牧户或企业割草场采种＋企业加工包装＋政府采购市场（披碱草）。

综上所述，大面积牧草种子生产，从种植、田间管理、收获、加工、清选等各方面的技术已基本成熟。尚有苜蓿昆虫授粉、灌水、有害生物防控、施肥、种子收获和加工机械等提质增效方面还需要科研攻关。

（五）建设草种产业的优势与条件

1. 区位优势

甘肃省位于青藏高原、黄土高原、蒙新高原的交汇地带，从南向北包括了亚热带季风气候、温带季风气候、温带大陆性干旱气候和高原高寒气候，多数地方日照充足、热量丰富、降水稀少、土地宽广，是除了热带牧草其他草种均能生产的气候地带。

2. 草种质资源优势

科研单位积极研发培育牧草种子新品种，为扩大良种覆盖率提供了前提和可能。兰州大学草地农业科技学院先后育成兰箭 1 号、2 号、3 号箭筈豌豆系列和腾格里无芒隐子草。甘肃农业大学草业学院先后育成国审和省审登记苜蓿、燕麦、红豆草、小黑麦、红三叶、小冠花等草类品种 27 个，即甘农 1 号、甘农 2 号杂花苜蓿，甘农 3 ～ 9 号、甘农 12 ～ 14 紫花苜蓿系列，清水紫花苜蓿、陇东天蓝苜蓿、中兰 2 号紫花苜蓿、河西紫花苜蓿、陇东紫花苜蓿、陇中紫花苜蓿、天水紫花苜蓿，白燕 2 号、陇燕 1 号、陇燕 2 号、陇燕 3 号燕麦系列，陆地中间偃麦草，兰引Ⅰ号草坪型狗牙根、兰引Ⅲ号草坪型结缕草，甘农 2 号小黑麦、甘红 1 号红三叶、彩云小冠花等。根茎型苜蓿、抗虫苜蓿均为国内首创品种，兰箭系列箭筈豌豆、甘农系列苜蓿、燕麦在农区和农牧交错区，甘农 2 号小黑麦、在青藏高原区，兰引Ⅰ号、Ⅲ号草坪草在南方城市园林绿化区作为主导品种广为应用。品种选育技术和品种市场占有率超过 30%。

3. 科技支撑优势

1）品种选育及种质资源

甘肃农业大学草业学院以国外引进和野生的优良牧草种质为材料，创制早熟禾、苜蓿、燕麦、百脉根、小冠花、红三叶等优异草类种质 22 个。以国外引进的早熟禾优良品种和野生扁秆早熟禾为材料，创制 3 份优异早熟禾种质；以陇东野生紫花苜蓿为材料，利用分株繁殖，隔离区无性后代开放传粉，经分子标记、同工酶酶谱分析、细胞学、解剖学等分析手段，创制 3 份优异紫花苜蓿种质。另外，从苜蓿资源中选育出高蛋白苜蓿、低纤维苜蓿、长穗苜蓿、抗蚜苜蓿、抗蓟马苜蓿等 6 个新品系；从百脉根种质资源中筛选出直立型百脉根 1 个新品系；从多份红三叶种质资源中筛选出抗白粉病高产红三叶种质 3 份，直立性种质 1 份。采用栽培驯化、引种、杂交育种等手段创制了饲草高产型燕麦、籽粒高产型细叶燕麦、籽粒高产型宽叶燕麦和草料兼用高产型燕麦 4 个新品系，直立型小冠花 1 个新品系。

2）优良品种种子生产基地建设

高校、科研机构与企业采用协议授权方式，与酒泉大业种业有限责任公司、甘肃酒泉未来草业种业公司、武威天牧草业公司、山西繁峙县畜牧局等合作，将新品种繁殖权授予企业，先后分别建成近 666.7 hm^2 甘农系列苜蓿种子基地。在灵台县、景泰县建立小冠花种子生产基地 53.3 hm^2，在岷县建立红三叶种子基地 120 hm^2；在定西市通渭县建立红豆草种子生产基地 100 hm^2，山丹县、民乐县建立燕麦种子生产基地 200 hm^2。

（六）国家与当地政府对推进草种产业发展的政策扶持

1. 国家对草种产业发展的政策扶持

2007 年至今，国家相继出台一系列的政策和措施，不仅强化草种业发展的政策指导和监督管理，也为草种业的健康发展指明了方向，极大地推动了民族种业振兴和草种业国产化。

2007 年，在《全国草原保护建设利用总体规划》中提出重点工程之四——草业良种工程：按照生态地带性要求，在甘肃省河西走廊、蒙宁河套灌区和新疆维吾尔自治区绿洲灌区建设温性牧草原种繁育基地。对“十一五”期间国家已建设的优良草种基地择优扶持，初步形成较为完善的牧草良种繁育体系，大幅度提高了我国牧草良种生产能力。

2012 年国务院发布了《全国现代农作物种业发展规划（2012—2020 年）》，提出加强种子生产基地建设，严格品种审定与保护，加强国家级和区域级种子生产基地建设；提升种业监管能力工程，建设和完善一批农作物品种试验站、抗性鉴定站、新品种引进示范场、植物新物种测试（分）中心、植物品种繁殖材料保藏库（圃）以及品种真实性鉴定中心。建设和完善省、市、县三级种子质量监督检测中心，强化基地、市场和品种，加强种子质量、真实性、转基因检测和检验检疫等工作。《全国现代农业发展规划（2011—2015年）》实施意见中提出加快推进现代种业发展，支持牧草良种选育和种子基地建设，逐步建立适应现代草食畜禽发展和生态建设需要的现代牧草良种繁育和推广体系。

2014年中央一号文件提出，加快发展现代种业和农业机械化，建立以企业为主体的育种创新体系，推进种业人才、资源、技术向企业流动，做大做强育繁推一体化种子企业，培育推广一批高产、优质、抗逆、适应机械化生产的突破性新品种。

2015年，在《全国农作物种质资源保护与利用中长期发展规划（2015—2030年）》中提出拓展苹果、柑橘、牧草等现有60个种质圃保存能力；新建一批综合性种质圃，承担相应区域的多年生、无性繁殖作物及牧草种质资源的保存。2015年中央一号文件《关于加大改革创新力度加快农业现代化建设的若干意见》中指出：加快发展草牧业，支持青贮玉米和苜蓿等饲草料种植，开展粮改饲和种养结合模式试点，促进粮食、经济作物、饲草料三元种植结构协调发展；强化农业科技创新驱动作用。继续实施种子工程，推进海南省、甘肃省、四川省三大国家级育种制种基地建设。

2016年中央一号文件提出，加快推进现代种业发展。《“十三五”国家科技创新规划》中强调以做大做强民族种业为重点；《关于扩大种业人才发展和科研成果权益改革试点的指导意见》提出到2020年，构建起以科研院校为主体的基础性、公益性研究和以企业为主体的技术创新相对分工、相互融合、“双轮驱动”的现代种业科技创新体系，为建设种业强国提供坚实支撑。

2017年中央一号文件提出，加大实施种业自主创新重大工程和主要农作物良种联合攻关力度，加快适宜机械化生产、优质高产多抗广适新品种选育。统筹调整粮经饲种植结构。

2018年中央一号文件强调，发展现代农业是实现产业兴旺的主要内容，强大的种业是现代农业的基础保障。

2019 年中央一号文件提出，加快选育和推广优质草种。

2. 地方对草种产业发展的政策扶持

按照“产业集群、龙头集中、技术集成、要素集聚、保障集合”的思路，紧紧抓住国家实施农牧民补助奖励政策、现代种业能力提升、粮改饲试点、高产优质苜蓿示范基地建设和饲料企业达产达标建设、饲料质量监测能力提升等重大机遇，甘肃省“十三五”草业发展规划提出加快推动草产业向优势区域集中，进一步发挥区域潜力和优势，加快建设陇中、河西灌区，以及高寒二阴地区三大基地，推动形成草种制种、特色牧草产业优势带。中东部黄土高原区引导强化陇中苜蓿、陇东苜蓿、甘肃红豆草、岷山红三叶、岷山猫尾草等当家草种繁育体系建设；将河西走廊打造成我国最大的高端草产品核心基地，以及草坪草、高产苜蓿和我国主要草种的制种基地；在甘南高寒草原畜牧业草畜平衡区适当培育燕麦、披碱草、老芒麦等饲草料基地和草种基地。草品种繁育体系建设工程成为重点建设工程之一。

（七）草种产业发展存在的主要问题

1. 草种业专项扶持政策缺乏

1）重视程度不够

甘肃省是农业大省之一，长期以来当地政府把主要的精力放在了农作物的生产上，并以发展农业来进行乡村振兴。随着人们日益增长的物质水平，畜产品在人们生活中的需求也不断提高，因此草种产业也开始受到了当地政府的重视。同时，2015 年中央一号文件中明确提出“推进海南省、甘肃省、四川省三大国家级育种制种基地建设”，而甘肃省具有丰富的草种种质资源，因此草种产业的发展在甘肃省显得尤为重要。但相比较作物相关产业，政府对草种产业的发展重视程度依然较小。

2）扶持力度不够

甘肃省针对草种产业发展的相关扶持政策较少，同时扶持力度也较小，对产业促进作用也比较小。

2. 缺乏行业标准及市场监管

目前，甘肃省乃至全国的草种子管理工作仍十分薄弱。与作物和林木种子相比，草种的法律法规体系不健全、行政执法体系职责不清、市场监管不到位；草种区域试验标准不完备、装备差；草种检验机构少、人员不足、质量体系标准不完善、草品种鉴定工作不规范；草种监管经费投入不足，对违法生产经营草种的行为没能力及时有效地查处和打击；同时，各级草种推广机构不完善，种源和经费缺乏。具体表现如下。

1）采购渠道不畅，良种推广体系不健全

虽然甘肃省绝大部分县、市、区采购草种严格按照招投标法进行采购，但存在部分县、区由于草种的特殊性，尤其是一些地方品种，采购用种量少，存在通过无资质、无草种经营许可证企业进行采购的现象，项目用种质量无法保证。此外，从国外引进牧草品种较多，国内品种数量较少；甘肃省生产草种的企业较少，难以满足优良牧草的生产需求。同时，加之各级草种推广机构不完善，种源和经费缺乏，导致牧草新品种的试验示范工作无法大规模进行，因此造成草种推广渠道少、盲目性大等问题。

2）管理机构建设薄弱

省市县草原监理机构依照《中华人民共和国草原法》《中华人民共和国种子法》《草种管理办法》等开展草地监理工作，主体为县级以上草原行政主管部门，但大部分地市草原行政主管部门由于手段缺乏、技术力量不足，没有很好履行草种管理工作。因此，草种管理工作相对薄弱。

3）质量控制和检验体系不完善

农业行业标准《牧草与草坪草种子认证规程（NY/1210—2006）》的颁

布实施，为种子认证制度的开展确定了具体的程序要求和技术标准。依托甘肃省科学技术厅重大专项，甘肃省草种子认证于2020年开始试点。草种管理知识缺乏，草种子的监督管理亟须加强。一方面专业人才、管理队伍需要充实；另一方面牧草种子测定和品质鉴定工作仍然比较薄弱。在当前草种品种繁多的形势下，草种管理人员对各种种子的特征特性、栽培技术要点和田间性状，草种生产、经营、检验、品种审定等环节的技术要求和标准，以及草种标识、包衣、包装等方面的专业知识和国家标准等业务知识亟待加强。

3. 缺乏整体规划和布局

草种产业受国家政策影响大，种植面积起伏不定。草种产业具有很强的区域性，地域、目标市场、产品结构等的布局在很大程度上影响草种产业发展。目前，甘肃省尚未制定相应的发展规划并缺乏宏观指导，影响了草种产业的科学布局和有序发展，草种产业总体表现为生产区划滞后。

4. 草种资源保存与利用存在许多不足

目前，草种质资源保护利用方面虽已开展了多年工作，但与新发展要求还有相当大差距，广泛收集保存的种质基因不够丰富，收集保存与评价鉴定不平衡，收集保存多，评价鉴定少；栽培种鉴定多，野生种鉴定少。对重点草种缺乏系统性收集保存和遗传完整性评价研究，主要表现如下。

1）资源收集种类不足

当前，甘肃省本地草种质资源不清，大量资源没有得到有效的保护，收集重点不突出。

2）资源保护形式单一

我国草种资源保护利用工作起步晚，甘肃省亦是如此。同时，草种资源保护基础薄弱，经费有限，缺乏完善的种植资源保护设施，资源保护技术落后，以低温种质库保存为主，资源圃田间保存为辅，开展了少量的离体保存、试管苗保存和原生境保存，尚未建立超低温库和脱氧核糖核酸库，远不能满足对草种质资源保存、研究和利用的战略发展要求。

3）表型精准鉴定滞后，基因型鉴定缓慢

开展深度鉴定评价的数量较少，草种质资源表型精准鉴定不足，缺乏草种质高通量表型鉴定平台和相关技术模型，缺乏草种种质资源表型精准鉴定基地。对环境、多年系统评价鉴定的重要性认识不足，难以满足品种选育对优良新种质的需求。草种相关基因鉴定工作进展缓慢，仍在使用较为落后的一代、二代分子标记技术，基因鉴定效率低，准确性难以保障。

5. 草种选育及生产水平不足

在草种选育方面，选育审定品种较多，推广利用的草品种相对较少，存在重选育轻利用问题。大众化品种多，高新品种少，草种市场竞争力弱。具体表现如下。

1）国产化程度低

迷信进口种子，自主研发草种的生产能力有差距。目前，甘肃省各草种企业主要依赖进口草种，尤其是草坪草种几乎全部依赖进口。由于本地生产的草种子只能满足部分需要，因此绝大部分草种子长期依赖外地调运。进口草种子价格偏高，一方面大幅度增加了广大种植户的种植成本；另一方面则承担着外来病、虫、草害的输入风险，对天然草原的生态环境及种质资源存在潜在威胁。对许多牧草来说，本地不能建立稳定的种子生产基地，也就无法保证种源的稳定和草种产业发展。甘肃省酒泉种业有限责任公司利用甘肃省河西走廊有利的气候条件，带动了当地牧草种子产业的振兴，但类似于这样的企业较少，不能完全满足甘肃省本土的需求。

2）生产水平落后

目前，甘肃省草种业正从传统的农家自产自销向专业化转型，但专业种子田较少，种子生产水平落后、产量较低，草种经营也处于十分艰难的境地。草种子生产水平与先进国家相比还有一定的差距，据原农业部草种子监督抽查，甘肃省抽检种子的合格率低于50%，种子杂质含量高，部分种子发芽率低、水分含量高。同时，甘肃省绝大部分草种生产田是荒地、盐碱地、退耕地、沙化地，因此草种及种植后牧草的产量均较低。另外，草种生产过程中管理粗放、缺少系统管理，导致草种产量和质量波动也较大。

3）良种繁育推广体系不健全

目前，甘肃省乃至全国饲草种业尚未形成育、繁、推一体化的商业育种体系，草种的选育与种子生产、种子加工、种子贸易相互分离，严重制约了现代饲草种业的发展。多年来，草种一直处于弱势状态，缺乏全产业链各环节的有机衔接和相互促进。育种者重品种选育，无力推广应用；经营者“重贸易、轻生产、不育种”，从事“育、繁、推”专业化草种生产经营的企业较少，多以“进口 + 收购 + 销售”或“生产 + 收购 + 销售”为主。

6. 企业缺乏创新及管理能力

1）种子商品化程度低

缺乏草种子大型企业。随着种业市场竞争加剧，国外育种公司兼并重组加快，催生了大型集团化、专业化育种公司，形成了国际市场普遍认可的优势品牌。甘肃省的饲草种子企业较多，但规模较小，缺乏能经得起国际竞争的饲草种子大型企业。现有的企业很少有自己专门的研发团队和具自主知识产权育成品种，创新和投入动力不足，导致研发资金靠政府、育成品种跟不上生产需求，良种推广面积小、成果转化慢。

2）机械化水平不高

国内草种子生产方面的专业机械较少，大部分都基于农作物机械进行改装，被应用在草种子生产中，而与草种子生产并不适应，导致工作效率不高，经常出现机械故障、种子浪费严重等问题。草种子大多数为小粒种子，具有群体内抽穗期与成熟期不一致、草种落粒性强的特点，导致种子收获难度大。当前市场上缺乏专门的牧草种子收获机械，牧草种子收获过程中损失率高，导致牧草种子产量低。使用的国内牧草种子收种机，工作效率低、容易堵塞、收种不干净，种子浪费 30% ～ 40%。

3）质量检测和监督管理不到位

种子专业生产的整体水平不高、专业指导不足、技术含量低下，管理简单粗放、质量把关不严、缺乏对种子专业生产各环节的科学要求和严格管理，直接影响草种生产潜力和水平。同时，草种管理部门对种子质量检测把关不严，监督管理不到位。甘肃生产的种子缺乏制度保障、等级认定和标签制约，造成市场种子遗传混乱、来源不清、品牌没有保证、市场流通的草种合格率低，出了问题无法追根寻源。

4）受国际市场影响大

进口种子量大，进口途径单一，受国际种子市场波动影响大，抗风险能力较差。同时，缺乏与国际接轨的饲草种子检验和认证体系，甘肃省乃至全国草种难以进入国际市场。甘肃省的草种子市场规模较小，以零售为主，商标、包装、标签等不规范。这种状况不利于提高种子质量和净化种子市场，又不利于种植者合理地选择购买和使用种子，给草种生产带来负面影响。不稳定的草种子产业是草产业关联产业，受制于草产业发展。

（八）建设国家草种生产带的建议

1. 出台专项扶持政策

1）提高政府重视程度

各地政府要提高重视程度，充分发挥政府的引导作用，以调动社会各方的积极性，整合各方资源和力量投入草种产业，逐步建立起政府引导、政策扶持、企业运作、农户参与的草种产业开发格局；还应结合本地实际研究制定具体措施和办法、凝聚工作力、落实目标任务、明确工作责任、建立健全工作机制；各有关部门要按照职能分工，加强协作、紧密配合，及时研究解决草种产业发展中出现的各种问题和困难，推进草种产业持续健康发展。同时，各地要积极总结草种产业发展中的好经验好模式，利用多种传播方式积极推广，利用博览会、交易会、洽谈会等方式推广品牌；新闻媒体要大力宣传典型经验和成就，营造全社会支持草种产业发展的良好氛围。例如，当地政府可以先行组合土地资源、运用扶持政策、投资基础设施等，种子企业随后建设基地进行生产，并培训当地农牧民学习掌握草种子种植生产技术，经营以合同订单产出的各类草种。

2）进一步加大财政投入

出台奖励性政策。鼓励和支持高校、科研院所开展种子生产繁育工作。同时，各级政府应鼓励和支持各类金融机构对草种企业及种植草种大户购置草种生产、收获、加工等机械设备给予贷款支持，全方位激发广大群众发展草产业的积极性。谁种植谁受益，谁承包谁受益，鼓励生产，营造公平竞争的良好环境。实施优质草种繁育补贴，要采取有差别的补贴标准，确定种类和面积及种子产量，经认证核实后发放。

培育大型龙头企业。积极探索建立草种产业发展基金，重点投资扶持草种产业生产加工龙头企业。制定扶持草种龙头企业的标准，对具有新品种选育或产权购买能力、有一定规模的种子生产田，以及种子生产加工机械化程度高的草种企业给予优惠政策，加大资金扶持力度，使其形成以草种龙头企业为主体的草种生产订单式产业模式，推动草种业的发展。培育大型龙头企业，引导龙头企业产学研结合，开展种子扩繁，鼓励企业自主或与科研单位相结合选育草品种，鼓励选育、生产和经营相结合。龙头带动，提质增效，着力扶持培育草种龙头企业，发挥辐射带动作用和企业资金、技术优势，加快现代饲草全产业链建设，推进质量兴草和品牌兴草，提升饲草产业的整体发展水平。

2. 完善行业标准及强化市场监管

加强草种质量监管工作，根据《中华人民共和国种子法》和《草种管理办法》，明确草种市场管理的主管部门与监管方式，强化草种质量监管力度，规范草种产品标签，提高草种质量抽检率。尽快建立草种质量认证体系，规范草种生产与经营管理，打击市场各类假冒伪劣行为，保护育种者的知识产权、维护草品种生产经营者的合法权益，依法促进草产业健康持续发展。

1）规范和净化草种生产经营市场

实施草种保护政策，建立健全草种子生产经营与监管的相关法规政策，在健全草种市场监管制度综合评定的基础上，确定每个地区适宜种植推广的优良草种名录，对名录所列的草种新品种的育种者、种子生产者像农业良种补贴和价格保护一样给予扶持性保护政策。要加快实行草种田认证监管制度，制定新草种产权保护制度，依法规范草种市场，保护产权所有者和生产者的合法利益。制定草种生产基地建设规划和标准，加强草种行业规范和引导，有计划、有步骤地将草种生产繁育基地、生产优势重点区域全部纳入草种认证和溯源管理机制，规范管理、提高质量、优化布局、突出重点。实行种子生产认证，扩充种子检验机构，加强种子质量抽检，强化种子行政管理。

2）建立完善草种认证体系

制定《饲草种子生产认证管理规定》《牧草种子标识管理规定》等相关规章制度，完善现代草种业发展配套政策，严格品种审定与保护，形成草种子生产管理配套的法律法规。着力推进草种产业标准化建设，加快标准制修订，完善草种产业标准的结构和系统，推出一批针对性强、实施效果明显的产业标准，加强规范化标准的宣传推广和使用指导。

3）加大草种子监督和管理力度

建立健全甘肃省草种质量监督管理体系。认真贯彻落实《中华人民共和国种子法》《草种管理办法》，制定全省各级草种子质量监管抽查计划，加强饲草种子质量监督检查。同时，形成省、市、县三级监管层层落实的局面，建立一支稳定精干的草种监管队伍。重视草种监管人员培训工作，组织从业人员定期开展牧草种子监督管理培训，丰富草种监管工作经验，提高市场监管能力。理顺关系、理清思路、构建框架，尽快建立完善草种繁育、审定、登记、推广、经营管理体系，查漏补缺、逐个提升体系各环节的水平。紧紧围绕饲草产业发展的关键环节，建立健全各项监管制度，采取定期检查、适时抽查和跟踪检查相结合的方式，加强对饲草产业发展的督促检查和指导服务。完善定性和定量相结合的考核指标，严格绩效评价，确保饲草产业健康有序发展。

实施种子规范管理，首先要健全种子管理组织，在此基础上增强执法监管力度，全面实行草种子生产许可证、种子经营许可证、种子检验合格证、营业执照三证一照制度，限制无照经营，净化草种子市场，杜绝伪劣草种子的产生及在市场上的流通。对一些违反有关法律法规的经营者，要依法严肃处理，以保障草种子生产者、经营者和使用者的合法权益。这对改善目前草种子经营混乱的局面，使我国草种子产业走上健康发展的轨道具有十分重要的意义。同时，要建立完善的质量监督检验机制，逐步形成严格的种子质量认证制度。规范草种生产、经营，实行按标按规生产，强化标识、标牌的包装管理，加强市场监管，维护生产者、经营者的合法权益。建立健全饲草产品质量安全监测追溯体系，将绿色、有机、品牌产品纳入监测追溯管理中，完善奖惩机制和诚信档案，将产品质量安全监测追溯与项目安排、品牌评定等挂钩，确保饲草产品绿色安全。

4）完善政府招标、审批管理制度

政府在招标过程中要严格遵守《中华人民共和国招标法》，不要给草种企业处处设置门槛，搞“萝卜招标”，创建公平竞争的招标环境。进一步完善政府审批管理制度，政府部门不要处处为难、刁难企业，要真正做到为企业服务，为大众服务。

3. 开展长期规划和布局

建立专业化、规模化牧草种子集中生产区域。明确目标、建设内容和投资标准，使草种品种与最佳生产条件相匹配，适地适种，提高单产和效益，形成优质草种特色优势和区域经济优势，切实推进草种产业化，保障草产业持续健康发展，为草原生态保护建设和现代化农牧业提供有力的支撑。草种优先在集中生产区域实现产业化生产经营，逐步形成主导品种突出、主渠道通畅、商业价值充分体现，专业化、标准化、规模化、集约化程度高的现代草种产业示范园区。

建设优质草种基地。推动形成河西走廊区、黄土高原区、高寒牧区三大草种产业带和农牧交错区草畜融合带。建议在河西地区建设苜蓿、燕麦、小黑麦种子专业生产带，在祁连山南麓、甘南高原建设燕麦、垂穗披碱草、草地早熟禾和老芒麦种子生产带，在甘肃省中部地区建设高水平苜蓿、燕麦、小黑麦种子生产带。

拓展草种发展空间。利用非耕地、弃耕地、中低产田等土地资源，大力种植优质草种，开展草田轮作，发展草地农业，实现饲草生产、土壤改良、水土保持和生态环境改善协调发展格局。主动融入“一带一路”，强化开放合作意识，拓展“虚拟土地”资源，积极利用沿线省份和国家资源种植、加工、销售优质饲草。

4. 加强草种资源收集与发掘

尽快查清我国重点属种草种的分布区域和生境，根据收集现状进行系统收集。通过重点的属种收集、补充收集和国外引种，提高重点属种的系统性和完整性。查明甘肃省野生优良珍稀草种及遗传多样性受威胁状况，抢救性收集珍稀濒临饲草种、特有种、野生近源种和地方品种等资源。完善饲草种质资源收集国家标准和行业标准，建立和完善草种质保护技术体系。通过系统评价和深度挖掘，筛选具有高产、优质、抗病虫、抗逆等特性的育种材料，规模化发掘具有控制产量、品质、抗逆等性状的基因，为饲草品种选育提供物质基础。

5. 强化草种产业科技支撑

1）提高机械化水平和研发投入

扶持引导相关主体加大草产业全程机械研发力度，大力推进农机、农艺融合，以不同区域的耕、种、收及山地饲草机械化作业等关键环节的重大突破，推动全面全程机械化。创新发展机制，扶持建立一批专业化机械服务组织，发挥和加强集聚效应，提高区域生产效率，降低企业生产成本，提高市场竞争力。同时，积极引进先进的草种子生产机械，保证草种子机械化装备的发展进入一个不断改进、优化老产品并推出新产品的良性循环，进一步提高种子生产能力，逐步改善如苜蓿种子收获中现有机械设备收获损失率 20% ～ 30% 的现状。

2）健全试验示范推广体系

依托现有技术推广体系，强化草种产业能力建设，发挥科研院所、高等院校和企业的技术优势，培育多元化推广主体。完善草种区域试验体系，研究筛选不同区域草种的主推品种、主推技术，促进良种良法配套，建立健全的草品种推广目录制度，加大优良草种推广应用。围绕良种繁育、标准化生产、草地农业和产业扶贫，开展高产优质示范创建，推广完善饲草产业绿色发展模式，引导带动产业健康发展。

3）加强技术研发、集成和成果转化

以草种产业技术创新战略联盟为平台，支持科研院所、高等院校和企业围绕草种产业发展需求和技术瓶颈，研发新品种、集成新技术、探索新模式，形成一批先进实用的草种产业科技成果，联合技术推广和新型经营主体等开展示范展示。

4）组织开展技术培训

加强人才队伍建设，培养建立一支理念先进、技能优良、作用明显的技术队伍。充分利用各种资源优势，开展多渠道、多途径、不同层次的技术培训。加强摸底调查，完善培训制度，实施精准培训。

5）加快农业科技创新

积极培育以企业为主导的农业产业技术创新战略联盟，培育和支持新型农业社会化服务组织，扶持农业专业合作社，鼓励农业专业合作社组织农牧民进入市场，应用先进技术，发挥现代农业的积极作用。实行公司 + 农业专业合作社的模式，公司负责回收草种子，使合作社生产的草种子有销路。合作社的主要任务在于生产，使科研院所和企业通过试验研究和实践的、先进实用的草种子生产和管理技术真正应用到草种子生产实际中，从而提高草种子发芽率、纯净度、种子质量、种子活力。整合和创建具有影响力的品牌，提高品牌的市场占有率和影响率，同时强化种子产品的售后服务意识。

6）完善草种子良种繁育推广体系

在种子基地建设中，种子生产以企业为主，种子生产的研究以高校和研究所为主，因此应以种子生产实际问题为导向，促进产学研紧密结合，进而做好育、繁、推工作。同时，由国内外重点引进技术，创建产业技术创新战略联盟。第一步充分发挥区域地缘优势，从专业化的育种机构获得新品种转让权或生产经营权，逐步形成国内有影响的生产基地；第二步在各地建设的高标准人工草地进行自主品种培育，针对甘肃省干旱半干旱地区特点，挖掘本土种质资源的遗传优势，提高自主选育优良品种能力，扩大品种推广面积，逐渐形成产业的核心竞争力。同时，加大对育、繁、推体系核心企业的支持力度。必须建立完善商业种子生产体系，加强种子扩繁的生产，形成育、繁、推一体化，建立以企业为主体的育、繁、推体系。另外，建立草种育种与生产销售的补偿机制，使种子生产做到“四结合”，即草种生产和科学技术相结合、和育种者相结合、和品牌权益相结合、和生产效益相结合。

建议组织各方力量，尽快修订《草品种管理办法》，在该办法中明确规定草品种三级良繁体系，执行草品种认证制度、专业化生产管理制度及溯源管理制度，以指导和保证草种产业良性发展。大力推进产业化经营壮大核心企业。充分发挥甘肃省田园牧歌、大业种业、未来草业等草种加工龙头企业的示范带动作用；加快其转型升级和技术改造，打造“育繁推一体化”苜蓿种业龙头，使之成为草种产业发展的强大引擎。引导中小企业通过合并重组、联合联盟联营等方式，实现强强联合、优势互补和资源聚集，提高企业的资金实力、研发水平及市场准入能力。建设苜蓿种子产业园，搭建交易平台体系。围绕酒泉市这一国际种业基地的品牌地位，建设草种子产业园；在苜蓿良种研发基地、生产基地的基础上，建设苜蓿良种交易平台，构建苜蓿良种国际国内交易平台体系；推进线上线下交易模式融合，完善线下交易模式，大力发展线上交易。提升国内生态和草牧业用种水平，进一步拓宽草种国际市场的占有份额。

6. 加强企业创新及管理能力

1）强化创新，融合发展

积极开发草产业多种功能，探索产业利益联结机制，培育多元化产业联合体，发挥草种产业技术创新战略联盟作用。鼓励引入新理念、新技术、新模式，促进第一、第二、第三产业融合发展。

2）总结推广典型模式

总结推广草种子生产的成功经验和做法，积极建立“企业 + 合作社 + 农户”的利益联结机制，推动贫困地区“三变”改革，以草种产业发展，带动实现企业增效、农民增收，助力精准脱贫。

3）培育草种产业化联合体

实施草种产业经营主体培育工程，扶持壮大饲草龙头企业、规范提升合作社发展能力、支持培育家庭农场。发挥草种行业协会的纽带作用，培育草种产业化联合体，发展精深加工、创建知名品牌、建设物流体系、健全信息服务和营销网络。

4）发展订单草业

鼓励种草大户、合作社、企业通过土地流转、参股等方式发展草种产业，开展适度规模种草，提升土地生产能力和利用效率。鼓励新型经营组织参与饲草收储、加工，与农户开展订单种草，拓宽农牧民增收渠道。

5）实施品牌战略

推进区域草种产品公用品牌建设，支持地方以优势企业和行业协会为依托打造区域特色品牌，提升改造传统名优品牌，扩大“陇草”的知名度和影响力。强化品牌质量管控，建立品牌目录制度，实行动态管理，保证品牌“含金量”。

6）完善服务体系

完善草种产品运输绿色通道扶持政策，降低草业生产成本，促进优质草种的合理流通。积极融入“互联网+”发展趋势，创新多元化服务模式，大力推进草种产品和相关衍生产品电子商务发展；建立各级草种产品销售、信息交换平台，解决产销信息不畅的瓶颈问题。培育一批大型草种物流园区，加快建立草种储藏、运输、加工、销售和服务一体化体系。

二、草种业建设可行性分析

种业是国家战略性、基础性核心产业。草种业是草业的“芯片”，是粮食、食物、生态和环境安全的根基。发展草种业，确保“中国人的饭碗牢牢端在自己手上”“中国碗装中国粮”“中国草用中国种”，提升产业经济效益，实现草牧业、草原生态和国土绿化持续健康稳定发展，保障国家粮食、主要农产品供给和生态安全，增强国家软实力。

草种子是建植人工草地、改良退化草地、提高我国草地畜牧业生产力和改善草原生态环境的物质基础。目前，我国草种子年产量约 8.4 万 t，而年商品草种的需求量约 15 万 t，约 1/3 以上从美国、加拿大、澳大利亚、新西兰等国家进口。苜蓿是我国种植面积最大的牧草，是支撑奶业发展的基础，但用种量超过 50% 来自进口。大量进口草种子不仅持续加剧国产草种业发展的压力，而且造成我国对国外草种的严重依赖。

进口草种虽然总体上质量较好，但也存在引发生物多样性灾害和国外病原侵入的高风险。一些进口草种生态适应性相对较差、抗逆性弱、栽培管理要求高，易发生水土不服，如内蒙古自治区的一些地区近年来种植的进口苜蓿品种出现越冬性差、病虫害多发等问题。

包括苜蓿在内的优质草种子的保障供给是我国现代草业发展的瓶颈，草种产业一直处于被动应对、起落不定、处境艰难的状况，始终不能成为草业的先行产业。在国产草种子无法满足草地建设的现时需求的情况下，单纯依赖种子进口难以从根本上解决我国人工草地建设对各种草种子的需求；严重依赖国外进口，发展草牧业、草原生态环境保护、国土绿化和美化建设等有受制于人的潜在风险。故亟待发展好我国的草种产业，以满足不断发展的草牧业、草原生态环境保护、草田轮作、国土绿化和美化建设对草种子的需求，减轻对国外草种子的过度依赖。

（一）产业建设的可行性分析

1. 资源条件的可行性

甘肃省的河西走廊降雨较少，有灌溉条件的地区均可建立苜蓿、红豆草、高粱、苏丹草和鸭茅种子专业生产基地。陇中、陇东地区可建立红豆草、燕麦、箭筈豌豆和小黑麦种子专业化生产基地。祁连山北麓和甘南可建立燕麦、垂穗披碱草种子专业化生产基地。

甘肃省的河西走廊、陇中与陇东地区、祁连山北麓和甘南，在气候和土地等方面，均有建立草种生产带的优越条件，特别是河西走廊的气候条件，可与美国俄勒冈州种子生产区媲美。

2. 技术支撑的可行性

大面积牧草种子生产，从种植、田间管理、收获、加工、清选等方面的技术已基本成熟。甘肃省的育种队伍庞大，育种历史长，并以常规育种手段为主。国产草品种特性丰富多样，品种易推广，苜蓿等优势牧草品种创制占主导，地方品种、野生驯化品种、育成品种、引进品种齐头并进。甘肃省的草业教学、科研机构数量多、实力强。草业联盟、草业协会等社会团体，组织能力强，运行高效。尚有苜蓿昆虫授粉、灌水、有害生物防控、施肥和种子收获加工机械等，以及提质增效等方面还需要科研攻关补短板。

3. 市场形成的可行性

目前，我国草种子年产量与需求量相差还较大，进口依赖程度高，且抗寒、抗旱、抗虫、耐盐碱的苜蓿种子供不应求。东北、华北、长江中下游地区使用的苜蓿种子，不适宜在种植地生产，在甘肃省生产则非常好。小黑麦、燕麦和箭筈豌豆种子供不应求。草原生态修复用的乡土草种尤其缺乏。

4. 组织模式的可行性

龙头企业可以通过“公司＋育种单位＋合作社”的组织模式进行生产。该模式可有效降低企业土地、劳动力等成本，降低单一农户生产模式的风险；育种单位的参与可保障草种质研发与生产需求的同步性和时效性；通过合作社的参与，可以有效保障农户的利益，提高草种子质量。

5. 促进社会发展的可行性

大面积连片的土地有利于机械化种植、加工，利于进行专业化、标准化生产，并可形成草种子集规模化种植、加工、销售为一体的完整产业链。可有效解决当地农村劳动力就近就业，促进家庭和睦、社会和谐，保障社会安定。

6. 政策、制度保障的可行性

国家对种子产业非常重视，国务院 2011 年发布了《关于加快推进现代农作物种业发展的意见》，2012 年发布了《全国现代农作物种业发展规划（2012—2020 年）》。2018 年 4 月 13 日，习近平总书记强调，要下决心把我国种业搞上去，抓紧培育具有自主知识产权的优良品种，从源头上保障国家粮食安全。2014 年中央一号文件提出，加快发展现代种业和农业机械化。2016 年中央一号文件提出，加快推进现代种业发展。2017 年中央一号文件提出，加大实施种业自主创新重大工程和主要农作物良种联合攻关力度。2018 年中央一号文件提出，加快发展现代农作物、畜禽、水产、林木种业。2019 年中央一号文件提出，加快选育和推广优质草种。

国家牧草良种扩繁基地建设项目，以及《甘肃省农作物种业发展规划（2014—2020 年）》《酒泉市人民政府关于草种业发展的意见》《酒泉市人民政府关于种业发展的实施意见》等政策，对推进国家草种子产业带建设和甘肃省草种业发展具有积极的推动作用。

（二）建设思路、区域布局与产业模式

1. 建设思路

加强良种应用推广的政策和制度保障，完善草种生产管理法规制度和市场监管，健全良种繁育制度，实行草种子生产认证制度和种子生产补贴政策，制定草种生产减免税和贷款政策，加强国家草种生产区划，支持育种单位参与的草种生产行业模式，实现草种子专业化、机械化和集约化生

产，实行草种生产土地成本和农机补贴。通过布局我国草种子专业化生产带和加工基地，引导企业加强科研创新，培育“育繁推一体化”的草种子龙头企业，提升草种生产专业化水平和企业的核心竞争力，推进草种产业升级，减轻对进口草种子的依赖，逐步实现草种的国产化。

2. 区域布局

根据气候条件规划建设四个种子生产带，即河西走廊苜蓿、红豆草、高粱、苏丹草和鸭茅为主的种子专业生产带与加工基地，陇中、陇东地区红豆草、燕麦、箭筈豌豆和小黑麦为主种子专业生产带与加工基地，甘南高原燕麦、垂穗披碱草种子为主的专业生产带与加工基地等（图 3）。

1）河西走廊绿洲灌区

河西走廊地域宽广，气候干旱、光照充足、昼夜温差大、病虫害少、有灌溉条件，可以大规模集约化经营、机械化作业，是生产各种高质量温带牧草种子的理想所在。气候属大陆性干旱气候，无霜期 130 ～ 160 d，年均降水量为 50 ～ 250 mm，≥ 10℃积温为 2500 ～ 3000℃，年日照时数 3000 ～ 4000 h。自东而西年降水量渐少，降水年际变化大，夏季降水占全年总量 50% ～ 60%，春季 15% ～ 25%，秋季 10% ～ 25%，冬季 3% ～ 16%。年均温 5.8 ～ 9.3℃，最高温可达 42.8℃，最低温为 −29.3℃，昼夜温差平均 15℃左右。云量少，是苜蓿、扁蓿豆、百脉根、红豆草、小冠花、羊草、老芒麦、无芒雀麦、垂穗披碱草、披碱草、扁穗冰草、鸭茅、燕麦、苏丹草、柠条、花棒、沙蒿、紫穗槐、碱茅、籽粒苋、串叶松香草等种子生产的理想地区。在酒泉苜蓿的种子产量为 850 ～ 1040 kg/hm^2。

2）陇中、陇东黄土高原温带半干旱区

陇中位于祁连山以东、陇山以西、甘南高原和陇南山地以北的甘肃省中部，年降水量 350 ～ 500 mm，平均无霜期 146 d；主要包括会宁县安定区、通渭县、陇西县、武山县、甘谷县、临洮县和渭源县北部，为中温带干旱区，日照充足，温差较大，年均气温 7 ～ 10℃，平均年日照时数

2100 ～ 2600 h，无霜期 140 ～ 188 d。陇东地区主要包括平凉和庆阳，南湿、北干、东暖、西凉，年均气温 7 ～ 10℃，降水量为 450 ～ 700 mm，平均年日照总时数 2144 ～ 2600 h，无霜期 140 ～ 188 d，光照充足。陇中地区适宜生产的饲草种子主要有紫花苜蓿、扁蓿豆、红豆草、箭筈豌豆、垂穗披碱草、披碱草、老芒麦和燕麦；陇东地区适宜生产的饲草种子主要有扁蓿豆、红豆草、垂穗披碱草、披碱草、老芒麦和燕麦。定西市景泉乡的雨养农业区，苜蓿种子产量为 700 kg/hm^2 左右；通渭县红豆草种子产量为 988 ～ 963 kg/hm^2；岷县和通渭县，燕麦种子产量分别为 3690 ～ 4451 kg/hm^2 和 4964 ～ 6972 kg/hm^2。

3）甘南高原高寒湿润区

甘南高原高寒湿润区位于甘肃省西南部的太子山、积石山、莲花山一线以南，岷山大峪沟、迭山腊子沟以西地区，即除舟曲县东南部的甘南藏族自治州全部。海拔 3000 m 以上，年平均气温 1 ～ 6℃，年降水量 550 ～ 800 mm，无霜期小于 140 d。东部山区垂直气候变化明显，温差较大。年平均日照时数 2296 h，≥ 0℃积温 1214 ～ 2477℃，≥ 10℃积温 215 ～ 1636℃，年均蒸发量 1200 ～ 1350 m，是猫尾草、鸭茅、早熟禾、无芒雀麦、老芒麦、披碱草、垂穗披碱草、中华羊茅、燕麦、莜麦、光叶苕子、苜蓿的宜植区和种子产区。

4）陇南山地暖温带湿润区

陇南山地暖温带湿润区，即渭河、西汉水分水岭（北秦岭）以南地区，包括陇南地区中部、北部，天水市南部，甘南舟曲县东南部。该区四季分明，年平均气温 8 ～ 12℃，年降水量为 350 ～ 850 mm，无霜期为 220 ～ 240 d。可发展红三叶、多年生黑麦草、一年生黑麦草和高羊茅等种子生产。

3. 建设模式

采取中央政府、地方政府和企业共同投入专项资金，吸纳社会资本，

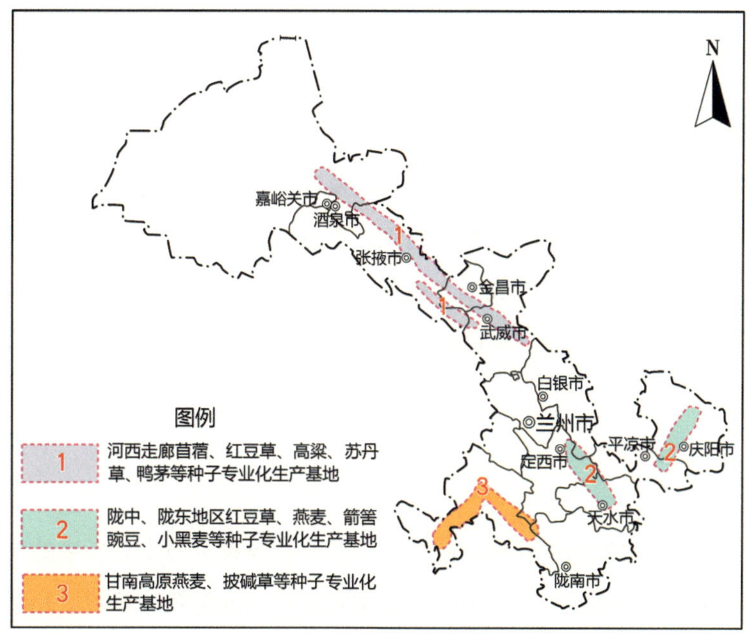

图3　甘肃省草种生产建设布局

实行股份制。草种子生产以企业为主，种子繁育各项关键技术研究以高校和研究所为主，产学研紧密结合，做好育、繁、推工作。

（三）风险因素及对策

1. 风险因素

1）自然风险

气候等自然因素显著影响草种子生产，草种子产量和质量难以像工业生产那样能有效控制。

2）经营风险

种子生产经营主体多而不大，竞争激烈，难以管理；如同质化品种多、质量差、行业利润偏低、产业链上沿风险极大。

2. 对策

种子生产单位应制定合理的技术规范，不定期对种子生产者进行培训；在种子生产期间要经常深入田间，发现问题、解决问题，根据当地生态条件合理调整技术规范，科学施肥、杀虫、防病，及时督促指导、总结经验，最终达到降低生产成本，提高经济效益。草种子产量纳入保险，对草种子实行销售量补贴、目标价格补贴和目标价格保险。

（四）结论

草种子是建植饲草料地、改良退化草原和改善草原生态环境的物质基础。为减轻我国对国外草种的严重依赖和避免国外对我国草牧业和草坪业发展的“卡脖子”和掣肘，亟须发展国产草种业、建立国内的草种子生产基地。

甘肃省建立草种子生产基地，在资源、技术、市场形成、组织模式、促进社会发展和政策、制度保障方面可行。建议在甘肃省的河西走廊建立国家级苜蓿、红豆草、高粱、苏丹草和鸭茅种子专业生产带与加工基地，陇中、陇东地区建立国家级红豆草、燕麦、小黑麦、箭筈豌豆种子专业生产带与加工基地，祁连山北麓和甘南高原建立国家级燕麦、垂穗披碱草种子专业生产带与加工基地，由众多草种子生产基地连成草种子生产带。草种子基地建设中，种子生产以企业为主，种子生产的技术研发以高校和研究所为主，以种子生产存在问题为导向，产学研紧密结合，做好育、繁、推一体化。

草种业的竞争是人才和技术的竞争，建议加强草种业人才培养，成立国家草种子产业技术体系，对草种子生产和相关研究给予财政支持，开展草种繁育各项关键技术研发，培育草种相关产业的发展，如草种专用化肥、菌肥、授粉昆虫产业。加强草种业机械研制，以提高草种机械化生产水平。注重专业人员的技术培训。

实行种子生产认证。扩充种子检验机构，加强种子质量抽检，强化种子行政管理。建立健全草种子生产经营与监管的相关法规政策。制定草种生产的减免税和贷款政策，促进龙头企业的发展。在产品运输、流通等环节开放绿色通道。建议实施草种子生产补贴政策、草种机械补贴政策；实施牧草良种补贴政策，对具有品种标识的各类草种进行相应的良种补贴，提高优良品种的市场竞争力，实现种子市场销售的优质优价。在国家重大草地工程建设项目中，明确规定品种招投标应以国内培育的优良品种高质量种子为主，采购品种要通过草种审定。建议完善国家和省级草种子的储备制度。

陕西省草种产业发展现状与建设可行性研究

陕西省位于我国中西部的内陆腹地，属黄河中游地区，东邻山西省和河南省，东南与湖北省相接，南与四川省、重庆市接壤，西与甘肃省、宁夏回族自治区接界，北与内蒙古自治区毗连，周围共连8个省份。位于东经105° 29′～ 111° 15′，北纬31° 42′～ 39° 35′，总面积20.56万km^2。陕西省地域南北长东西窄，地势呈南北高、中间低，由高原、山地、平原和盆地等地貌构成，其中黄土高原占全省土地面积的40%。地跨黄河、长江两大水系，属大陆性季风气候。全省从南向北兼跨北亚热带、暖温带和温带3个气候带，分为秦巴山区、关中平原区和黄土高原区三大自然区。据2019年统计，陕西省年均降水量为700 mm，年均气温为12.7 ℃，年均日照时数为1851.7 h，年均风速为1.7 m/s，年均无霜期为248 d；耕地面积397.68万hm^2，草地面积286.75万hm^2。优越的自然环境适合我国北方、南方和中部地区的大部分牧草种子的生产。

一、草种产业发展现状

（一）草种基地建设及运行现状

1. 草种子生产基本概况

牧草需求和生态环境治理需求极大地拉动了陕西省对各种草种子的需求。陕西省的草种子生产历史较长，但规模化、专业化较低，自繁自用型种子田较多，而且品种混杂、种子质量较差，商品价值较低。如牧草中种植面积较大的苜蓿，主要是国外进口品种。目前，陕西省草种业基地建设基础薄弱、资金少，商品草种子生产整体较少，不能满足不同草地建设的巨大需求。

2. 草种基地建设及运行现状

2000—2018 年，陕西省共建设各类草种生产基地 9 个，中央和地方政府财政扶持资金与自筹总投入为 7360.1 万元，其中中央与地方政府财政扶持占 92.4%。基地总生产面积为 3502.6 hm^2，总生产能力为 88.4 万 t。建设地点分布于 12 个县、区。生产的主要草种为苜蓿（主要为关中苜蓿和陕北苜蓿）、小冠花、柠条、紫穗槐，其中以苜蓿为主。在建设与经营的主体中，5 个为公司建设经营，4 个为事业单位租赁土地委托经营。目前，除黄河水土保持绥德治理监督局在绥德韭园沟的项目仅有 75% 的面积仍在低水平运行，其他项目均已终止。

（二）草种经营主体建设及经营现状

陕西省草种业的经营主体主要有 3 种类型，分别为事业单位租赁土地委托农户经营、公司租赁土地自主经营和农户自主经营。前期以事业单位租赁土地委托农户经营较多，种子产量低、品质较差。近年来，公司租赁土地自主经营逐渐增加，产量提高，种子品质也不断提高。但分散的农户自主经营模式仍有相当的比重，种子产量和质量波动较大。

随着牧草种子需求量的增加，陕西省各地、市、县草种经营公司不断涌现，目前不少于300家，而较大型且有竞争力的草种经营公司较少。草种公司一般主要经营国外草种子，但绝大多数较小规模的公司的种子来源不清楚，质量也无法保证，经营状况较难或一般。

（三）草种供求现状

陕西省草种供求总体现状是供不应求。近年来，由于生态环境建设和退耕还林还草项目的需要，陕西省草种需求量连年攀升。据陕西省草原工作站统计，全省经营的各类草种子品种繁杂，其中用于牧草就有60多种，草坪草有100余种。随着生态文明建设和草食畜牧业的快速发展，我国生态草种和优良饲草种子需求巨大，且在不断快速增长。就陕西省而言，2009年的园林绿地为2.3万 hm^2，2017年已增至6.8万 hm^2，年增长率为14.5%。近年来，仅陕西省对牧草、生态和绿化年均需草种量分别为4431 t、605 t和318.9 t，这反映了陕西省和全国对草种子的巨大市场需求及其发展趋势。

（四）国家与当地政府对推进草种产业发展的政策扶持

1. 国家对草种产业的扶持

种子是农业生产最基本的生产资料，草种是现代草业发展的物质基础。当前，草种已是我国现阶段生态文明建设、草原生态建设、三元农业结构调整和发展草牧业的物质支撑条件。因而，草种业健康快速发展已成为我国战略性与基础性产业，是我国生态环境安全建设的迫切需要。虽然我国是草业大国，但在草种业生产方面却相当弱小与滞后，这不仅与我国经济发展和生态环境安全建设的需要极不匹配，也与当代国际局势变化后提升我国草种业国际竞争力的需要极不相称。以习近平同志为核心的党中央审时度势，高度重视草业与草种业的发展，于2019年中央一号文件中明确提出加快选育和推广优质草种工作，这一英明决策为政府制定一系列推进草种产业快速发展政策奠定了基础。

2. 陕西省对草种产业的扶持

由于多年来草原建设的推进，陕西省在牧草良种的繁育推广、基地建设、产业化形成等方面有了较大发展。但从总体上看，陕西省草种业相对较为落后，这也成为生态环境建设、草业与农牧业发展的限制因素。随着草业在环境建设和经济发展等方面作用的日益显现，陕西省各级政府重视牧草种子产业的发展，对草种子产业的政策扶持力度逐渐加大。近年来，政府财政安排专项资金补贴草种子企业和制种农民，鼓励土地流转，对集中流转土地用于发展牧草种子生产的示范点给予奖励，为草种子产业的发展提供了有力的保障和良好的政策环境。2017年，陕西省农业厅、财政厅已选择陕北苜蓿优势产区和关中奶牛主产区扶持建设了1800 hm^2 高产优质苜蓿示范片区，从地方政策上对草种产业的发展进行了大力的扶持。

（五）草种产业发展存在的主要问题

陕西省具有悠久的草种业发展渊源，长久以来，草业一直以满足畜牧业生产所需的牧草为主。据研究，历史上关中苜蓿的大量推广种植对当地“秦川牛”“关中驴”2个优良地方畜种的形成具有重要作用。陕西省草种业自中华人民共和国成立以来有了很大的发展，培育与引进了一批优良牧草品种，草种产业化逐渐形成和发展。尤其是近年来公司租赁土地自主经营的模式显现出优势，但目前仍然存在一些问题。

1. 草种繁殖项目缺乏持续发展性

2000—2015 年，陕西省实施各类各级草种繁育项目共计 9 项。黄河管理局草种繁育项目虽然有较大的保留面积，但产种情况不清，实际上仅是长寿牧草在生长而已，缺乏必要的经营管理。因此，项目结束后基本无持续运行，草种子繁殖项目缺乏持续发展性。

2. 市场不健全

牧草生产者需要的种子在当地无处购买，往往通过人际关系和网络寻求种子供应者。种子生产者，尤其是以农户形式的生产者，生产出的种子找不到适合买主。产供销脱节，牧草种子市场很大程度上处于盲目发展状态，市场不健全。

3. 营销利润空间小，经营困难

国产种子价位低，一般仅为进口种子的 50% ～ 60%。国内种子收购与销售价位差一般仅 2 ～ 5 元 / 千克，利润空间小，经营较困难。

4. 国产草种占市场份额小，主要草种国外引进品种占比例大

陕西省水土保持用的草种中国产草种比重大。虽然饲用草种中国产草种（如陕北苜蓿、关中苜蓿、新疆大叶苜蓿、晋南苜蓿、甘农苜蓿等）在陕西省有一定的种植面积，但自 2000 年以后，国外品种如美国普通苜蓿、皇后、WL323，加拿大阿尔冈金等大举进入，超过栽培面积的 50%，进而国产种子市场份额小，尤其草坪草种子为 100% 进口。

5. 缺少合法的种子检测部门，种子出口手续难

当地缺乏合法的出口种子检测单位，出口管制部门的工作效率不高，常常导致延误供货时间，贻误商机。

6. 种子生产规模与质量的稳定性差

从不同的草种经销中间商了解到，同一草种在同一地方的产量、质量变化很大，极不稳定，从而造成按合同组织货源常常达不到要求，导致违约。同时，缺乏种子清选等设备，种子质量差。主要经销的草种如小冠花，一般纯净度仅为80%～85%，霉变5%，硬实率10%～15%，瘦秕率7%～8%，发芽率60%～70%。从总体上看，草种的产量和质量稳定性较差。

7. 农户草种生产经营水平差

政府事业单位租赁农户土地，农户自行组织各自的生产活动，然后回收所产草籽。虽然生产过程有技术部门的技术指导，但是，由于生产过程的经营管理优劣与自身的经济效益关系不够密切，以及农户缺乏资金、技术，造成单位面积上的种子产量低，低者仅不到常规产量的1/3，而且种子质量差，进而直接导致了种子生产成本较高和营销商利润空间缩小。而农户自主经营的草种生产更差，其种子产量与质量变化更大。这些问题对陕西省的草种业生产发展水平影响极大。

8. 政府缺乏对本地草种繁育的扶持与长远规划

陕西省本地具有知识产权的草种有关中苜蓿、陕北苜蓿、西农 9707和彭阳早熟沙打旺 5 个品种。这些品种虽然注册登记后均有繁殖保种单位，但由于资金投入缺少，无力自行维持繁殖保种工作，以致科研单位已难以找到原种材料。因此，政府部门如不立项给予资金扶持以建立原种繁殖基地，这种状况难以改变，这将是极大的损失。草种繁殖基地项

目结束后一切终止，草种繁殖项目的实施仅为短期的应急需要，而无持续发展的长期规划，这导致了市场的巨大波动和项目投资效益的下降。因而，需要政府一定的后续扶持与管理。

在市场经济中，为了稳定发展国有草种，政府应该从资金政策层面，从新品种研发、种子繁殖、种子加工和草种的营销方面进行必要扶持。西北地区的草种既有各自的特点，也有很大的通用性。通过各级政府扶持与区域校企合作，充分发挥高校的技术优势、企业投资经营管理的优势、地方政府的推广优势，建立若干个相互紧密联系的草种产—学—研—育—繁—推一体化的中心，建设包括陕西省在内的北方省区草种专业化生产带，这对尽快改变目前现状，促进草业稳健发展具有迫切的现实意义。

（六）建设国家草种生产带的建议

（1）科学规划与布局。根据陕南、陕北和关中三地区的自然环境差异与特点，针对苜蓿、小冠花、沙打旺、柠条等当家草种进行合理规划与布局专业化生产基地。

（2）在生产带内，对生产中大面积应用的优势草种子生产应实行保护，加大在政策、资金、技术和人才等方面的倾斜支持力度。

（3）在生产带内，实施优质草种子工程，加大对牧草与草坪草的育种创新、品种试验、种子检测等基础设施的投入，创建新的品种培育繁殖体制与机制。

（4）构建西北六省区草种子技术创新战略联盟，扶持商业化育种，鼓励草种企业研发。

（5）通过高校科研单位合作与协作，创建以市场为导向，以资本为纽带，利益共享，风险共担，产—学—研相结合为主、适合我国国情的草种子技术创新格局。

（6）建立健全相关法律和制度，强化各级草种管理。切实贯彻落实有关草种子生产营销的法律法规，尤其是加强产、购、销环节的管理，定期更新草种子质量监督指标与标准。强化草种行政许可、监管和执法，打击假冒伪劣草种流入市场。

二、建设草种子专业化生产带可行性分析

（一）项目建设的必要性与意义

随着我国经济的不断发展、人民生活水平的持续提高、人们对美好环境和食品的需求水平逐步提升，环境美化和生态修复与天然绿色饲草生产供应之间的矛盾就愈加突显，而增加乡土草种和优质饲草种子的生产供给是解决这一问题的关键。习近平总书记提出统筹“山水林田湖草”系统治理的施政方针。2019 年国家明确提出加快选育和推广优质草种，这是以习近平同志为核心的党中央审时度势、适应我国草种业发展现状作出的英明决策。陕西省与西北各省区因地制宜地发展和建设草种繁育基地，建设西部地区草种子专业化生产带，加快我国具有自主知识产权的草种研发和繁育体系建设，足量生产我国具有自主知识产权的优良草种，满足生产需要，这将会有力地促进西北地区的生态环境建设、草牧业和社会经济的快速发展。

（二）建设草种产业的优势与条件

1. 地理位置优越

陕西省位于我国中部偏西，东西南北分别与山西省、河南省、湖北省、四川省、甘肃省、宁夏回族自治区和内蒙古自治区共 7 个省份接壤。交通非常便利，运输业较发达。其独特的地理位置是牧草种子贸易与流通

的有利因素，也是草种子产业发展的一个潜在独特优势。

2. 自然区域与草种子生产的多样性

陕西省地理位置处于东经 105° 29′～ 111° 15′，北纬 31° 42′～ 39° 35′，属大陆性季风气候区。全省陕南、关中和陕北 3 个地区自南至北分别为北亚热带、暖温带和温带。陕北地区寒冷干旱；关中地区温暖、半干旱半湿润；陕南地区相对炎热湿润。全省年均降水量 674.4 mm，从北至南逐渐增加，一般 340 ～ 1240 mm。由北至南，全省年均气温为 5.9 ～ 15.7 ℃，≥ 10 ℃年活动积温为 3208.2 ～ 4951.4 ℃。陕西省光照充足，水热协调，良好的自然环境条件适合我国绝大多数草类的生长发育与繁殖，适于进行我国南北中各区域大部分草种子的生产，尤其是陕北和关中干旱半干旱地区的灌溉区域极有益于优质种子的生产，因而，其草种子生产具明显的多样性。

3. 优势牧草种子的国内市场份额大

自张骞公元前 126 年从西域（伊朗、阿富汗或土库曼斯坦等）带回苜蓿种子在长安种植以后，经过 2000 多年的自然变异与历史上劳动人民的长期选择，形成了优良的苜蓿种质资源。中华人民共和国成立以来，经过科学家们不断研究、培育和推广，形成了诸如关中苜蓿、陕北苜蓿、渭北苜蓿等地方苜蓿品种，它们也曾在全国具有极高的知名度。因而，陕西省是我国紫花苜蓿引种生产的起源地之一。与此同时，所产的多变小冠花、沙打旺和柠条等种子也长期以来一直在全国较为知名，在市场中占有较大份额。

（三）产业建设的可行性分析

1. 资源条件的可行性

陕西省蕴藏着丰富的草种资源。近年来，草业科技工作者做了大量种质资源的收集、整理、保存和利用工作，特别是对育成品种、地方品种及国内外引进品种做了许多试验研究的工作，并取得了很好的成绩。这些宝贵的资源为进一步拓展陕西省和我国西北地区牧草种子的生产奠定了坚实基础。

陕西省具有牧草种子生产独特而适宜的气候条件。日照充足、光热资源非常丰富、昼夜温差大，有利于种子有机物的积累，生产的种子饱满均匀、千粒重大、发芽率高、生命力强。此外，由于种子生产区降水量少、空气湿度低、冬季气温低，干燥的气候和土壤与冬冷、秋燥少雨的环境条件有益于减轻病虫危害，降低种子含水量，有益于草种子的贮藏和外销。

陕西省关中地区、陕北地区和陕南地区的交通便利，这为大宗种子的调出提供了便捷的运输条件。陕西省各地劳动力资源充足，可以满足草种子繁育中生产与管理和按规操作等劳动力密集型生产活动对人员的需要，为各类草种子生产提供可靠的人力资源保障。

2. 技术支撑的可行性

经过多年的发展，陕西省基本具备了较完整的优质牧草种子良种繁育、丰产栽培及加工技术体系，生产中达到了栽培技术与品种优质高产性能的配套，完善了牧草种子科学化生产体系，加快了提纯复壮的生产效率。种子收获、脱粒和清选等机械化程度显著提高，逐步形成了具有一定规模的牧草种子生产、营销体系，实现了“市场带龙头，龙头带基地，基地连农户”的生产营销格局，并建立了较完备的牧草种子质量认证制度。

3. 市场投资的可行性

产业需求大，具有稳定的市场需求。近 20 年来，我国牧草种子的产业化发展速度较快，随着近年来国家对生态环境保护与建设、农业“粮 +

经＋饲”三元种植结构的调整和景观绿地建设的重视，国内市场对草种子的需求量逐年增加，供不应求，需从国外进口大量的草种子，因此未来国内草种子市场潜力巨大（陈立坤等，2012）。

4. 组织模式的可行性

在陕西省草种子生产现阶段的组织经营模式中，事业单位租赁土地委托农户经营，公司租赁土地自主经营和农户自主经营，这三种组织经营模式均具有一定的可行性，尤其是近年来公司租赁土地自主经营的组织模式具有较强的优势。

5. 促进社会发展的可行性

在陕西省发展牧草种子产业，通过牧草种植与加工的带动，建立草畜耦合、种养结合的循环经济模式，实现畜牧产业链延伸，推动食品工业发展，拉长生物链和产业链，实现多层次增值，已成为陕西省农村脱贫的一个重要途径，也有利于美丽乡村的建设。

陕西省是我国西北地区主要的旱作农业区，农业生产基本上是广种薄收，生产环境脆弱、退化严重，畜牧业生产饲料缺乏。加强牧草种子产业，实行粮草轮作，强化社会对牧草在保持水土、抵御风沙、美化环境等方面生态功能的意识，这有助于西北地区生态环境治理水平的提高。

6. 政策、制度保障的可行性

陕西省草种子生产具有完备的法律体系和良好的政策环境。第一，目前已初步形成了以《中华人民共和国种子法》为基本法，以品种选育、品种审定、品种生产和经营等为内容的法律法规政策体系，这些法律法规政策对种子产业发展过程中各个环节给予支持，成为种子市场制度的支撑。第二，经过多年的发展，已经建立了较完善的种子执法体系，为牧草种子产业发展提供了良好的环境氛围。

（四）建设思路、区域布局与产业模式

1. 建设思路

陕西省是我国苜蓿种子引种、生产和推广的起源地之一，已有关中苜蓿、陕北苜蓿等地方优势品种，小冠花、沙打旺和柠条等种子也在全国享有盛誉，在草种市场中占有一定份额。因此，立足陕西省关中和陕北地区适宜牧草种子生产的气候条件，在历史发展优势的基础上，以进一步完善和加强草种的良种繁育与新品种培育，规划未来陕西省草种专业化生产带建设。其建设思路分两步：短（近）期以建立健全主要草种繁育体系，建立良种繁育基地和协作推广基地为重点，迅速提高目前生产中主要草种品质和供给量；中长期通过各级政府扶持与区域校企合作，建立本地当家草种"产—学—研—育—繁—推"一体化中心，研发以适宜陕西省与西北地区耐旱抗寒、高产优质新品种为重心，快速形成国产优良草种占绝对优势的草种产业。与此同时，加快建立适应市场种子营销体系和社会化服务体系，不断强化牧草种子经营管理和流通渠道，加大对草种子质量的监管力度，提升草种子质量检验与检疫技术，为草种子产业化健康发展保驾护航（袁春光，2006）。

2. 区域布局

陕西省牧草种类繁多，以影响草种子生产的适宜温度、湿度、降水量和土壤等自然条件为主，结合各地的经济发展、生产特点与草业发展优势，形成优势草种生产布局（图 4）。

（1）陕北地区：苜蓿、沙打旺、柠条等种子生产基地。

（2）关中地区：苜蓿、多变小冠花等种子生产基地。

（3）陕南地区：黑麦草、苏丹草等种子生产基地。

图 4　陕西省草种生产建设布局

3. 建设模式

1）原种繁殖与新品种培育

（1）“产—学—研—育—繁”模式：草种生产营销企业与西北农林科技大学，研究单位与中国科学院水利部水土保持研究所、中国科学院植物研究所合作，在政府的扶持下，将资金、技术与高效管理有效地结合，研发新品种和繁育优良草种。

（2）“产—学—研—育—繁—推—农户”一体化模式：学校和研究单位、地方政府技术推广部门与草种经营企业和农户建立多方面的合作与协作，相互支持、互惠互利，在新品种的培育和良种繁育中形成稳定的有机联合体。

2）商品草种繁殖

公司 + 地方政府技术推广部门 + 农户模式：公司与农户签订草种生产合同，农户按订单生产，公司与技术推广部门协同提供技术服务与指导，公司收购加工和销售。

（五）风险因素及对策

1. 风险因素

新品种的培育就是通过各种育种途径培育具有一定突出优良特征特性的各类草的新品种，以替代生产中大面积种植的老品种。陕西省高校林立，西北农林科技大学、中国科学院水土保持研究所均具有良好的科学研究基础，也培育出了不少优良品种。这都为新品种培育提供了可靠的保障。

良种繁育包括原种繁殖和商品草种生产，良种繁育在一定程度上存在两方面的风险。其一是在这些优良品种的繁殖和栽培中，可能会由于生产、清选、调运和贮藏过程中的不当等原因导致一定的生物学混杂；其二可能由于不良栽培环境条件致使草种发生变异，使良种在生活力及种性方面下降，导致品种一定程度的退化。

2. 对策

在良种繁育中，防止品种混杂的基本途径是在栽培和后续的一系列生产环节进行严格隔离，包括收获、脱离、加工、储藏、调运等环节采用严格的隔离措施。防止退化的基本途径是按标准对品种进行提纯复壮。规范化的操作管理规程不仅可以防止现有品种混杂退化，而且还可以不断提高优良品种的种性。

（六）结论

陕西省发展草种产业具有独特而又适宜的气候与种子资源条件，技术支撑条件可靠，市场投资前景广阔，可以促进社会发展，具有较大的经济、生态和社会效益。其建设思路、区域布局与产业模式较为合理，风险因素可控，对策切实可行，因此，陕西省草种专业化产业带建设战略可行性强、可靠性高。

由于陕西省的草种主要用于本省现代草牧业、城镇绿地、水土保持工程建设和粮改饲等，其草种业的区域化生产与营销优势明显。各区所产草种子可以就地销售，产销联系紧密，种子储运成本低。草种专业化生产带的模式、现代化设备仪器的装备、新技术的采用和科学地基地种子生产和管理，不仅对陕西省草种子产业化发展模式形成具有极其重要的促进作用，也对我国西北地区草牧业发展和经济建设发展具有重要的推动作用。

第五章 宁夏回族自治区草种产业发展现状与建设可行性研究

宁夏回族自治区位于腾格里沙漠以东，毛乌素沙漠以西，黄土高原西北，黄河中上游，处在北纬 35° 14′～ 39° 23′、东经 104° 17′～ 107° 39′。宁夏回族自治区疆域南北长约 456 km，东西宽约 250 km，国土总面积 6.46 万 km^2。宁夏回族自治区属典型大陆性半湿润半干旱气候，雨季多集中在 6～9 月，具有冬寒长、夏暑短、雨雪稀少、气候干燥、南寒北暖等特点。夏季无酷暑，1 月平均气温在 –8 ℃以下，极端低温为 –22 ℃以下。气候特征是气温日差大、日照时间长、太阳辐射强，大部分地区昼夜温差一般为 12～15 ℃。全年平均气温为 5～9 ℃，引黄灌区和固原地区分别为全区高温区和低温区。宁夏回族自治区降水量南多北少，集中在秋季，南部山区年平均降水量为 400 mm，北部引黄灌区年平均为 157 mm。

宁夏回族自治区属于我国北方主要的半农半牧区，天然草原面积为 244.33 万 hm^2，占国土总面积的 47%。人工种草多年保持在 53.33 万 hm^2 左右。2018 年人工种草留床面积 39.8 万 hm^2，当年种植牧草 8.6 万 hm^2。其中，苜蓿 2.06 万 hm^2，一年生禾草 6.53 万 hm^2，种植青贮玉米 8.33 万 hm^2。全区干草总产量 363.4 万 t，青贮饲料 473.3 万 t，牧草总产值 100.94 亿元。宁夏回族自治区人工种草面积的持续发展为优质牧草种子提供了稳定的市场环境。

一、宁夏回族自治区草种产业发展现状

（一）草种基地建设及运行现状

1. 国家建设的草种基地运营状况

据调查统计，2000—2018 年宁夏回族自治区有各类草种繁殖基地 13 个（其中已建成的 11 个，在建 2 个），建成种子田总面积 3755 hm^2，主要种类为苜蓿、甘草、羊草和苏丹草等；总投资 8358.8 万元，其中国家投入资金 5351.6 万元，地方投入 2293.0 万元，建设单位自筹 714.4 万元。保留运营情况为：11 个种子生产基地中还在生产种子的 3 个，面积 366.0 hm^2，占总面积的 10.8%。其中，中科 1 号羊草基地 1 个，面积 34 hm^2，仅占 1.0%。除 2018 年批准在建的 2 个，还有 87% 的基地未生产牧草种子。多数种子生产基地失去了种子生产能力的主要原因有土地调整使用、退化减产无效益、土地租赁到期、经营不善企业倒闭或转型等。

2. 企业自主建设草种基地运营状况

宁夏回族自治区有 5 家草种企业有自繁种子基地，涉及饲草、生态和草坪绿化等类型；扩繁 9 种牧草，其中多年生牧草 4 种，一年、二年生禾草 5 种。种子生产基地面积 574.1 hm^2，年投入资金 983 万元，种子产量 1990 t。基地面积和产量随着市场每年都有增减。

（二）草种经营主体建设及经营现状

1. 草种经营企业数量及规模

据统计，截至 2018 年，宁夏回族自治区草种经营管理部门核发的全自治区具有草种经营资质的企业 28 家。实际情况是有些林业用种经营企业、农作物用种经营企业同样也在经营草种，经营草种的企业超过实际发证数。不少种子也存在生态、牧草、绿化多用途，有些粮食与饲料通用，如青贮和籽实兼用玉米、高粱等。

2. 经营草种种类、来源与去向

10 年来，宁夏回族自治区经营的牧草种类有 25 种。从构成看，饲草用种 10 个，主要有苜蓿、高粱、苏丹草、燕麦、黑麦等；生态用种 8 个，主要有柠条、黑沙蒿、沙打旺、蒙古冰草等；绿化用种 7 个，主要有草地早熟禾、高羊茅、多年生黑麦草和百脉根等。从种子来源看，饲草用种和生态建设用种以国产为主，占比为 75.2%。绿化用种基本为进口，其中草地早熟禾和高羊茅占 50% 以上，说明其对进口的依赖度很高。宁夏回族自治区草种销售以区内为主，同时也向陕西省、山西省、河北省、内蒙古自治区和山东省等省区销售，比例约占 20%。

（三）草种供求现状

近 10 年来，宁夏回族自治区用种量累计为 26691.73 t，年均 2669.17 t。目前，宁夏回族自治区种子年产量（国家建设种子基地和企业自建基地）2768 t，产种量与用种量基本平衡。

1. 饲草用草种供求现状

10 年来，宁夏回族自治区饲草种子供给 16359.73 t，占销售总量的 61.0%，年均 1635.97 t。用种量 1000 t 以上的有冬牧 70 黑麦、燕麦、苜蓿和红豆草 4 种。2018 年，宁夏回族自治区人工种草面积 8.6 万 hm^2，其中苜蓿 2.07 万多 hm^2，禾草 6.4 万 hm^2，当年用种量近 3000 t，缺口不足 20%。种子来源中以国产种子占主导地位，即旱地苜蓿用种以国产为主，水地以

进口为主。近年，燕麦、高粱和冰草的进口量显著增加，说明国内对高产优质禾草种子供给不足。

2. 生态建设用草种供求现状

10 年来，宁夏回族自治区生态建设用种达到 6372 t，占总销售量的 23.0%，年均 637.2 t。用量在 1000 t 以上的有沙打旺、冰草、柠条和黑沙蒿 4 种。生态建设用种以国产种子为主，主要用于退化草原补播改良、沙化土地治理、废弃矿山植被修复等。

3. 草坪绿化用草种供求现状

10 年间，绿地建设用种 4110 t，年均 411 t，用种数 7 个。绿地建设用种量在 1000 t 以上的有草地早熟禾和高羊茅 2 种，种源基本依赖进口，其中草地早熟禾和高羊茅占总进口量的 50%。

（四）建设草种产业技术储备

1. 牧草新品种引种选育

宁夏回族自治区种植苜蓿历史悠久。20 世纪 60 年代初，盐池草原试验站开启了宁夏回族自治区牧草新品种引种选育试验的历史。经过半个多世纪的不断工作，先后在全区推广种植了草木樨、沙打旺、红豆草、小冠花、箭筈豌豆、甘农、草原、中苜系列苜蓿新品种，以及陇东苜蓿、榆林苜蓿、敖汉苜蓿等豆科多年生牧草，柠条、花棒、羊柴、胡枝子、紫穗槐等豆科灌木。引进试验推广种植了苏丹草、高粱、蒙古冰草、无芒雀麦、老芒麦、披碱草、燕麦、冬牧 70 黑麦等优质禾草。

宁夏回族自治区先后选育并登记的苜蓿品种有宁苜 1 号、宁苜 2 号和固原紫花，培育的禾草新品种有海子 1 号湖南稷子，已推广到全国 10 多个省区种植。已登记的甜高粱品种 2 个，青贮玉米品种 1 个。目前，选育成的苜蓿新品系 3 个。从“十二五”开始，宁夏回族自治区产业主管部门联合科研和技术推广部门，在财政部门的支持下，每年推出适宜宁夏回族自治区不同区域种植的苜蓿、禾草主推品种和主推技术。“十三五”期间增加了青贮玉米主推品种和主推技术，实现了良种良法相配套，多用途全覆盖。

2. 研究的主要内容与成果

2005—2018 年，宁夏回族自治区批准立项的省级以上财政支持的草业方面科研项目 64 个，投入资金 7128.14 万元。试验研究的内容涉及人工草地科学管理、草产品加工利用、草品种引进选育、病虫鼠害防控和草地资源可持续管理等。经鉴定登记的科技成果 32 项，获得自治区科技进步奖 9 项。其中，三等奖 7 项，二等奖 2 项。

3. 草种基地建设积累的经验

国家在宁夏回族自治区投资建设的草种基地虽然多数已经失去了生产种子的功能，但少数保留下来的企业自己建设的种子基地，在品种选择、基地管理、丰产技术应用、种子精选加工等方面积累了一定的经验，取得了显著成效。就苜蓿种子基地而言，有的企业大田机收产量达到了 450 kg/hm^2，小区产量 750 ～ 900 kg/hm^2。

4. 技术支撑体系

宁夏农林业科学院植物保护研究所、荒漠化治理研究所、林业科学研究所，都在围绕畜牧业饲草生产和生态防治开展技术研究，解决生产和生态建设中的技术问题。特别是设在宁夏农林科学院的国家牧草产业技术体系盐池综合试验站的团队，为宁夏回族自治区草业技术进步发挥了重要作用和技术支持。

宁夏大学农学院有草业专业，开展本科、硕士和博士教育，为宁夏回族自治区草业科学培养中高端人才，是宁夏回族自治区草业科学人才培养重要智力资源。宁夏大学的园林系和生态中心，为国家西部生态修复与重建重点实验室，具有较强的研发团队，是宁夏回族自治区生态用种基地建设的重要支撑力量。

宁夏回族自治区草原技术推广体系基本健全，隶属于自治区林业草原局的草原工作站是专门从事全区草原技术推广、试验示范的独立法人单位，草原面积较大的县、市、区林草局下设草原工作站，有专门机构和队伍负责当地草原方面的技术引进、试验示范和推广、培训工作，是草业技术推广的基本队伍。

（五）建设草种产业的优势与条件

1. 生态类型多样

宁夏回族自治区生态类型多样，被誉为我国西部生态类型的缩影，环境条件良好，适宜繁育不同生态类型的草种。宁夏回族自治区地形南高北低，南凉北温，南部黄土高原属于半湿润半干旱草原气候，适宜繁育旱作栽培管理条件下的各类饲用草种和生态用种。中部、东部属于平原、丘陵荒漠草原干旱气候，适宜建设耐旱、抗风沙、适应性强的生态治理的草种和灌木。北部引黄灌区和扬黄灌区，地形平坦，光照充足，水源充足，农业生产条件优越，适宜以繁育高水肥管理条件下的各类牧草。

2. 土地资源相对充足

宁夏回族自治区人均土地面积接近 1.0 hm^2，人均耕地面积 0.153 hm^2，土地资源相对丰富，特别是南部山区生态移民迁出区有 13.3 万 hm^2 的耕地，是建设草种田的最好资源。中部有广阔的天然草原，有各种适宜当地生态条件的草种和灌木，建设天然草种采集基地，并加以人工管理，可以有效降低种子繁殖带的建设成本，使资源优势和生态经济效益得到很好的发挥。

3. 社会环境有利

宁夏回族自治区位于我国北方草原和农业过渡地带，即“农牧交错带”的中心位置，同时也位于我国北方牧草产业带的中心，适宜进行各类草产品生产加工和草种繁育，交通便利，运输半径短，运输成本低，区位优势明显。盐池县、同心县和海原县属于我国 268 个牧区半牧区县之一。草地资源占全区土地资源的 42%，是主要的陆地生态系统。宁夏回族自治区是我国唯一的省级回族自治区，家畜养殖业是该民族的传统产业也是支柱产业，具有种草养畜的传统习惯。宁夏回族自治区把草畜产业作为现代农业发展的第一产业加大政策扶持，助推其健康、快速发展，为农牧民脱贫致富服务。这些均为建设草种产业带创造了良好的社会环境。

（六）国家与当地政府对推进草种产业发展的扶持

1. 国家扶持

国家对宁夏回族自治区草种基地建设的政策扶持集中在两个阶段。第一阶段为 2000—2002 年，3 年共投入建设资金 2080.0 万元，平均每公顷投入资金 11988.0 元；建设草种生产基地 1735 hm^2，繁殖的草种主要有苜蓿、青贮玉米等；采集野生优良草种和灌木的基地有甘草、黑沙蒿等，建设数量 13 个。第二阶段为 2011—2018 年，共投入建设资金 5272 万元，平均每公顷投入资金 24475 元；建设基地面积 2154 hm^2，基地数 6 个，主要为苜蓿栽培品种。

2. 地方扶持

地方扶持紧随国家扶持而配套实施。自 2000 年以来，宁夏回族自治区财政用于种子基地建设的配套资金为 2293.0 万元，约占国家投资的 31.2%，其中在种子基地建设用地、道路、农田水利等方面给予了相应的优惠，确保了国家建设项目的顺利实施。

随着国家投入增多和激励政策的实施，一些草种和草产品经营企业成了草种基地建设的主体，自筹资金的力度逐年增加。2000—2018 年企业自筹资金 3714.0 万元，占国家资金比例 50.5%，占总投入资金 13359.0 万元的 27.8%，超过了自治区财政配套资金的比例，而且均是 2011 年以后的建设项目，说明项目建设单位自主投资的积极性明显提高，国家扶持与政策的杠杆作用得到了有效发挥。

（七）草种产业发展存在的主要问题

1. 重建设、轻质量、缺监管

从宁夏回族自治区 10 多年国家投资建设的草种基地运营情况看，重建设、轻质量、缺管理的问题普遍存在。作为国家财政项目，企业申报建设的积极性高，而建设质量完全符合种子基地基本技术标准的不多。对草种基地建设的认识不明确，对已经建成的种子基地，行业主管部门的监管手段和措施没有跟进。

2. 草种认证体系不健全，市场监管缺位

目前，缺乏健全的草种认证体系和相应的组织，不管是育种家或企业生产的种子都缺乏制度保障、等级认定和标签制约，造成市场上营销的种子遗传特性不清，来源混乱，品牌、质量没有保证，从而导致市场流通的种子真伪难辨，合格率大打折扣，出了问题也无法追根寻源。同时，市场监管也缺少相应的标准和手段。

3. 缺乏专项政策扶持

与农作物种子基地相比，饲草、生态和草坪用种基本被边缘化，国家资金投资少，地方财政更少，草种基地投资标准普遍较低，导致草种生产的整体水平低，管理简单粗放。同时也缺乏对种子专业生产各个环节的严格管理，直接影响了草种生产潜力和水平。此外，用于建设种子基地的土地相对贫瘠、种植环境条件差，基础生产条件简陋、生产成本高，严重影响了草种企业的生产积极性和项目生产的可持续性。

4. 人才队伍缺乏，技术支撑不够

还没有针对草种生产的专业教育，无专业技术人才；繁育推机构不健全，生产、管理人才队伍缺乏，生产布局不合理，生产企业各自为政、生产随意性大，专业指导不足，技术含量不高，形不成合力，因而缺乏核心竞争力，每个种子企业都在边生产边挣扎。

（八）建设国家草种生产带的建议

1. 制定国家草种生产基地建设规划和标准

草种业是基础性产业，也是战略性产业，国家要加快制定国家级草种业生产带建设科学规划和建设质量标准体系，明确建设主体、验收标准、监管措施，以实现可持续发展。

2. 国家建立完善草种认证体系，强化市场监管

首先，要建立种子生产标签制度、创建公平竞争的良好环境，通过标签制度，认定种子生产的遗传等级、质量等级、生产源产地、种子真实性。其次，在此基础上逐步实现种子生产的全面审定制度，确保市场流通的品种是真的、品质是符合遗传要求的、质量是符合标准的、责任是可以

追溯的。最后，要建立一支强有力的市场监管队伍，加强打假力度，同时要培育一批诚信的草种营销企业队伍，推行行业监管和准入，营造草业发展良好环境。

3. 出台草种业专项扶持政策

要出台专门扶持草种产业发展的政策，加强政策引导，整合种业资源，调动社会资本资源，快速提升我国草种业的创业能力、创新能力、竞争能力、供种能力和监管能力，确保优良品种和主打品种的供种数量和质量安全。

要组建国家和省级草种产业生产机构和队伍，扶持草种业龙头企业，提升企业的核心竞争力，逐步形成“以市场为主导、企业为主体、基地为依托、产学研相结合”的现代草种产业体系。

4. 加强科技支撑，解决草种业发展的技术瓶颈

科学规划和布局种子生产的优势区域，针对草种生产特点和规律，确定一批优势草种，集中人力、物力、财力，整合土地资源，改善生产条件，提高生产能力。针对目前草种业存在的问题，按照标准化、规模化、集约化和机械化的生产方式，提升草种科学生产能力和从事草种的生产经济效益。把草种业人才培养作为长期的战略性措施作出规划，加快草种业人才队伍的建设与培养。

5. 建立以企业为主体，产学研相结合的草种业生产模式

首先，要扶持草种龙头企业，使其发展成为科技创新性企业，加大研发投入，培育研发队伍，具备承接和创新科技成果的能力；其次，要激励育种专家、学者与企业合作，挖掘和保存优异牧草种质资源，努力培育具有自主产权的新品种；最后，建立草种育种与生产销售的补偿机制，使种子生产和科学技术相结合、与育种者相结合、与品牌权益相结合、与生

产效益相结合，逐步建立起以企业为育种主体的商业化育种体系和激励机制。

二、草种业建设可行性分析

（一）项目建设的必要性与意义

1. 现代饲草产业发展的需要

宁夏回族自治区是我国北方主要畜牧业省区之一，草畜产业被确定为宁夏回族自治区现代农业优势特色产业首位。截至 2018 年年末，全区奶牛存栏数 60 万头，肉牛饲养数 280 万头，肉羊饲养数 1870 万只。优质饲草的种植是草食家畜养殖必需的粗饲料，为满足现代畜牧业发展，全区建设人工优质饲草面积 753.31 万 hm^2，其中苜蓿留床面积 33.3 万 hm^2，其他多年生牧草面积 20666.67 hm^2，青贮玉米面积 83040 hm^2，一年生禾草种植面积 65166.67 hm^2。为满足人工优质饲草种植，全区平均每年需要各类优质饲草种子约 2 万 t。通过建设优良饲草种子基地，可为大面积建设人工草地提供保障，为现代草牧业健康可持续发展服务。

2. 生态环境治理的需要

宁夏回族自治区处于库布齐沙漠、毛乌素沙漠和腾格里三大沙漠结合地带，生态屏障作用非常重要。由于长期干旱少雨、生态环境脆弱，天然草原退化严重。其中，中度、重度退化面积达 90% 以上，沙化草原面积 61.1 万 hm^2，占草原总面积的 25%。宁夏回族自治区政府十分重视生态保护和建设，据统计，每年补播改良退化和治理“三化”草地需种子 6372 t。因此，夯实草种产业发展基础，保障草种供给，实现草种产业的可持续发展，必须培育和建设具有专业化生产水平的草种基地。

3. 绿化美化城乡人居环境的需要

宁夏回族自治区近 10 年平均每年的绿化用种量为 410 t，随着旅游观光和体育事业发展、美丽乡村振兴和文明宜居城市建设、高速公路和高铁边坡绿化等事业的发展，对草坪草种子的需求量将更大。

目前，中国城市绿地率 28.51%，人均公共绿地 7.8 m^2，由 20 年前的不足 3 m^2，增长到现在的 7 m^2；城市总体的绿地面积由 15.3 万 hm^2 增加到了 121.2 hm^2，增长了 7 倍。我国草坪草种子的需求量由 1997 年的 2000 t，增加到现在的 8000 t，但是近 80% 以上的种子来自进口。

（二）草种业建设的可行性分析

1. 资源条件的可行性

宁夏回族自治区属典型大陆性气候，年均气温 8 ～ 9℃，≥ 10℃积温 3200 ～ 3300℃，无霜期 150 ～ 195 d，年降水量 180 ～ 650 mm。日照充足、热量丰富、土地宽广，气候条件适宜开展草种生产。

南部雨养旱作区属黄土高原地带，土层深厚、气候温和、年降水量为 350 ～ 650 mm，现有旱作耕地 26.7 万 hm^2，适宜于苜蓿、无芒雀麦、红豆草、燕麦等种子繁育。

中部干旱带扬黄灌区气候干旱、降水量少、光照充足、温度较高，而且拥有较多的新开发土地资源，土地大多地势平坦、土质深厚，集中连片，部分区域可扬黄灌溉。该区域的气候条件适宜于进行苜蓿、蒙古冰草、苏丹草、牛枝子等种子的生产。

北部灌区引黄灌区蒸发量大，一般在 1500 ～ 2500 mm，年平均降水量为 180 ～ 300 mm，气候干燥，有利于促进种子成熟，充足的黄河水资源可满足种子生长发育的需求；灌区中低产盐碱地较多，土地资源较丰富；该区域适宜湖南稷子、碱茅、耐盐苜蓿和燕麦等耐盐牧草，以及多年生黑麦草、高羊茅、早熟禾等种子的生产。

2. 技术支撑的可行性

宁夏大学、宁夏农林科学院、宁夏草原工作站、盐池县农牧科学研究所、盐池县草原试验站等科研单位长期致力于牧草种子繁育技术方面的研究，在苜蓿、苏丹草、湖南稷子、蒙古冰草、牛枝子、草木樨状黄芪、甜高粱、羊草等优良牧草的种子田建植、田间水肥管理、病虫害防治、切叶蜂授粉、种子收获、清选加工等方面进行了大量的试验研究，获得了一批牧草种子繁育方面的科技成果。宁夏农垦茂盛草业有限公司、彭阳县荣发农牧有限责任公司、宁夏荟峰农副产品有限公司、盐池县绿海苜蓿产业发展有限公司、宁夏千叶青农业科技发展有限公司等草业公司，均为国家牧草种子基地建设项目的建设单位，在牧草种子繁育基地建设、种子生产、销售等方面均积累大量技术经验，为宁夏建立草种繁育基地提供了技术支撑和基础条件。

3. 市场投资的可行性

在国内市场中，当前，国家正在大力推进农业结构调整和生态文明建设，加强草原保护，积极发展草牧业，对优良草种的需求不断扩大，但全国每年需求的牧草种子中，有 40% ～ 80% 需要从美国、加拿大、澳大利亚、新西兰等国进口。在国际市场中，日本、韩国等东南亚国家从美国、加拿大、澳大利亚进口草种的国家，希望从中国进口质量可靠、价格便宜的草产品，这为我国发展外向型、出口型草种业提供了市场机遇。从经济层面看，草种产业是充满生机的朝阳产业。

4. 组织模式的可行性

宁夏回族自治区目前已经形成的比较成功的组织模式有，以宁夏农垦茂盛草业有限公司为代表的公司 + 农户 + 技术机械服务模式；以宁夏西贝农林牧生态科技有限公司、宁夏大西农种子有限公司为代表的公司 + 农户生产销售模式；以彭阳县荣发农牧有限责任公司、宁夏荟峰农副产品有限公司、隆德县腾发牧草专业合作社等草业公司为主的公司联营模式。上述模式的形成，为草种基地建设和生产提供了组织保障。

5. 促进社会发展的可行性

牧草种子是建植人工草地、提高草地生产力的物质基础，随着我国农村牧区产业结构调整和三元种植结构建立，人工草地种植面积会迅速增加，对优质牧草种子的需要也会激增。随着国家对国土治理、生态建设投资规模的扩大，高速铁路、公路兴建边坡绿化等生态草种量增加；随着旅游观光和体育事业发展、美丽乡村振兴和文明宜居城市建设等事业的发展，对草坪草种子的需求量将更大。因此，加大草种基地建设，提高草种产量和质量，对促进社会和谐发展具有重要意义。

6. 政策、制度保障的可行性

国家实施了种子企业所得税减免的优惠政策和草种质量监督管理专项等扶持政策。围绕《中华人民共和国种子法》，农业部先后制定发布了《草种管理办法》《草品种审定管理规定》《草种检验员考核办法》等 50 多项与牧草种子相关规章和行业标准，使牧草种子生产经营越来越规范化、专业化。

宁夏回族自治区自 2003 年天然草原全面禁牧封育以来，实施了百万亩人工种草工程，把“绿起来”和“富起来”紧密结合，立草为业，兴草富民，大力扶持发展现代草产业，积极引导农民走“种草—养畜—致富”和“草多—畜多—粮多”的草地生态农业道路。近 10 年来，优质牧草被列为自治区现代农业发展的区域性优势产业之一，主攻“粮—经—饲”三元种植，扩大人工种草面积，推行草畜紧密融合发展。自治区党委农业农村小组成立了优质牧草产业协调领导小组，农业农村厅成立以首席专家为主的技术服务团队和宁夏草业协会（两组一会），全面指导草产业发展，提升草产业的现代化生产水平。这些利好政策的实施，为草种业发展提供了广阔的市场和制度保障。

（三）建设思路、区域布局与产业模式

1. 建设思路

宁夏回族自治区建设草种业生产带的基本思路是，根据当地资源禀赋和生产条件，以草种公司为主体，以饲草用种为重点，生态用种为补充，兼顾绿化用种；优化草种生产经营模式，推行育繁推一体化，产学研结合，建设高标准、可持续的现代草种业基地，以满足饲草生产和生态用种需求。

2. 区域布局

依据宁夏回族自治区自然环境条件和牧草种子生产对气候环境需求进行科学合理的规划布局，建立宁夏回族自治区北部灌区、中部干旱区、南部黄土高原区三大草种繁育区（图 5）。

1）宁夏回族自治区北部引黄灌区耐盐牧草、生态草和草坪草种子繁育区

主要利用宁夏回族自治区北部的盐碱地开展耐盐苜蓿、湖南稷子、碱茅，以及其他耐盐牧草种子的繁育；主要依托宁夏千叶青农业科技开发有限公司和宁夏西贝农林牧生态科技有限公司，建成湖南稷子 666.7 hm^2，耐盐苜蓿 66.67 hm^2，燕麦、小黑麦 66.67 hm^2，碱茅、高羊茅、草地早熟禾等其他草种 66.67 hm^2 的种子繁育基地。

2）宁夏回族自治区中部干旱区耐旱牧草及生态草种繁育和采种区

建立苜蓿、蒙古冰草、苏丹草以及其他乡土草种繁育基地，主要依托

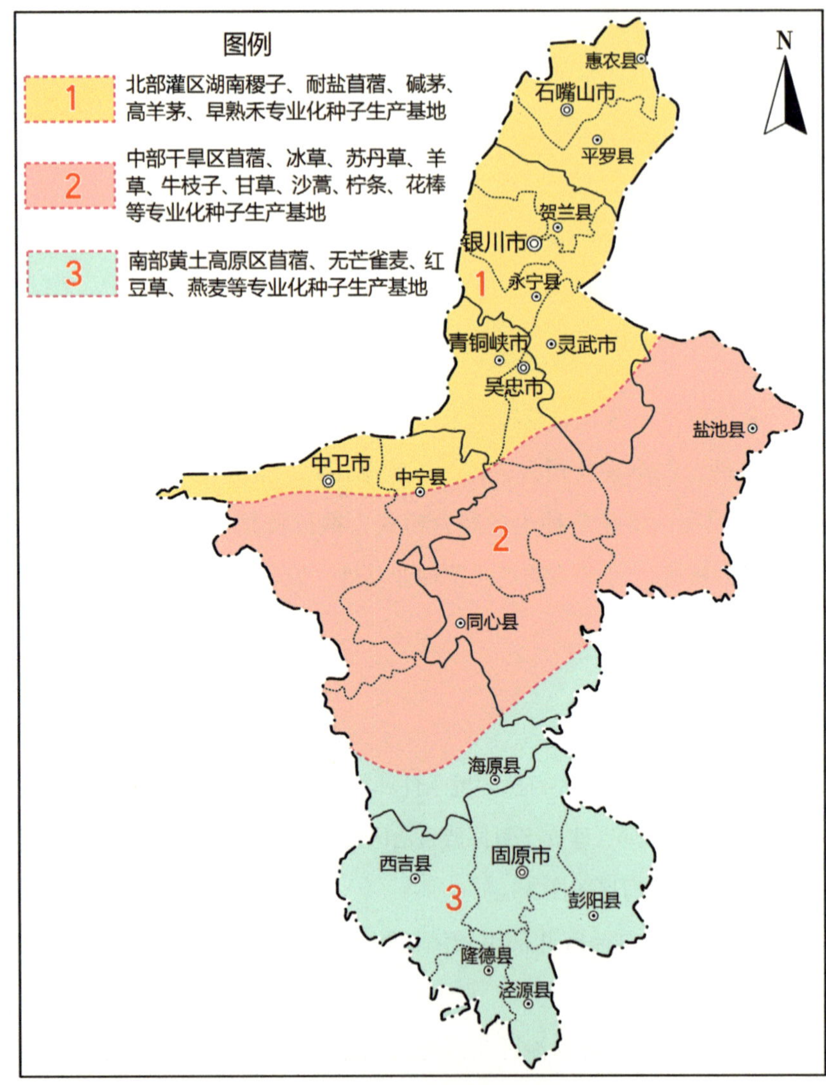

图 5　宁夏回族自治区草种生产建设布局

盐池绿海苜蓿发展有限公司、宁夏大西农种子公司和宁夏西贝农林牧生态科技有限公司，建成苜蓿 200.0 hm^2、蒙古冰草 200.0 hm^2、苏丹草 133.33 hm^2 和羊草、牛枝子等其他草种 66.67 hm^2 的草种繁种基地；建设乌拉尔甘草 333.33 hm^2、黑沙蒿 200.0 hm^2、花棒 66.67 hm^2 和柠条 333.33 hm^2 的野生采种基地。

3）宁夏回族自治区南部黄土高原区牧草用种繁育区

主要利用退耕地建立苜蓿、无芒雀麦、红豆草及燕麦等牧草种子繁育基地，依托宁夏荟峰农副产品有限公司、彭阳县荣发农牧有限责任公司和宁夏锦彩生态农业科技发展有限公司，建成苜蓿 400 hm^2、无芒雀麦 33.33 hm^2、燕麦 133.33 hm^2、红豆草等其他草种 66.67 hm^2 的草种繁育基地。

3. 建设模式

认真总结并充分吸取以往的经验教训，转变由政府部门一管到底的传统运行机制，让市场主体在种子生产和销售方面真正发挥决定性作用。建议由实力雄厚的龙头企业担任牧草种子的生产运营者，采用现代企业化的管理模式，通过准确预判市场供需走向，有组织、有计划地进行种子生产和商品化市场营销，最大限度发挥种子生产的经济效益。具体建成以下 3 种运营模式。

1）产学研结合，育繁推一体化模式

建立以企业为载体的“育、繁、推”体系。同时，建立草种育种与生产销售的补偿机制，使种子生产做到“四结合”，即草种生产与科学技术、育种者、品牌权益和生产效益的相结合。把种子的科研、生产、加工、包装、销售和推广服务紧密衔接起来，强化企业的科技实力，增强公司或组织模式的内在活力，成为市场竞争的主体。

2）产销一体化模式

产销一体化模式是目前有效的经营模式。实行产销一体化模式可以有效解决目前草种产销脱节问题，减少草种生产与销售的中间环节，降低种子销售价格。

3）公司（合作社）+ 农户的生产经营模式

牧草种子公司（合作社）+ 农户的生产经营模式，由牧草种子经营公司与农户签订生产收购协议并支付订金，形成集中连片的种子繁育基地和联营体制，统一供种、统一管理、统一收获、统一加工，农户负责种子生产或野生种子采收，公司（合作社）收购后，统一清选加工、包装和销售。这种模式可有效解决土地流转困难、种植规模大难以管理、投入过大等问题。

（四）风险因素及对策

1. 风险因素

1）市场风险

市场是牧草种子效益转化的关键环节。牧草种子是牧草产品的关联产业。畜牧业发展对草种的需求，受制于牧草产品市场的供应和畜牧业对牧草的需求状况。牧草产品的供应和需求存在极大的不确定性，导致牧草种子的需求不稳定。生态建设对牧草种子的需求是一种政府行为，受国家政策、政府财政状况及政府监管等因素影响波动很大。如 20 世纪 90 年代中期，伴随着我国对草原生态保护重视，国家实施退耕还林还草、防沙治沙工程及西部大开发战略，致使国内牧草种子缺口较大，进口量大幅增加。城市绿化所需的草坪草种，80% 以上依赖国外进口，主要受制于国际贸易政策和国际关系。生态建设和畜牧业发展对草种需求的不稳定，直接推动草种市场的波动，必然使草种子生产者和经营者面临较高的市场风险。

2）自然灾害风险

草种子生产受自然气候条件制约，表现出很大程度的不确定性。同样程度的自然灾害，对种子产业的危害更为严重，造成的损失更为巨大。例如，一般连续三五天的阴雨，不会给农业带来大的影响，但对正处于开花授粉期的杂交制种来说则会造成严重授粉不良；一般干旱不会使农作物大幅度减产，但可造成苜蓿等豆科牧草种子田大量的落花落果，造成种子减产，甚至绝收。难预测、不可控的自然因素导致的种子田减产，不仅会影响牧草种子生产者的收入，更重要的是种子公司无法兑现供种合同，造成下一年种子供应紧张，种子价格上升，增加牧草生产成本等。

3）经营决策性风险

经营决策正确与否，对种子公司发展起决定作用。种子经营决策主要表现在对经营品种的选择和对种子产销计划的决定及对市场的预判上。如果对经营品种选择错误，或者不能把握时机，在生产、经营计划上不能以销定产，或者虽然以销定产，但对市场判断错误，都会给种子经营带来极大的风险。

2. 对策

1）科学规划，适地适种

草种子生产与草生产不同，气候条件是决定种子生产成败的首要条件，因此要根据自然资源状况、草区域分布，以及植株生长发育和结实特性对特定气候条件的要求，因地制宜地制订发展优良草种子基地建设规划，确定扩繁的种类及其品种。

2）技术支撑，规模适度

建立产学研结合，育繁推一体化、产销一体化、公司（合作社）+农户等草种子生产经营模式。根据实际情况建立集中连片、便于生产管理、方便机械化作业的适度规模种子生产基地。建议政府加大对草种子繁育技术方面科研的经费持续投入，提升草种生产技术水平，进而提高种子生产水平和综合效益。

3）加强监管，合法经营

建立草种子田间生产检查、收获加工监督、质量检验，以及标签等环节的标准化体系，实行草种子生产认证制度，保证草种子质量、信誉和规范化。规范草种子市场行为，保护育种者、种子生产者和种子消费者的利益，避免草种子交易中以次充好的现象，杜绝伪劣草种在市场上的流通，依法严肃处理违反有关法律法规的经营者，从而推进草种子市场繁荣和健康发展。

4）保育并重，合理开发

宁夏草地类型多样，处在农牧交错带，荒漠区、绿洲区交错分布，成就了宁夏回族自治区的植物种质资源丰富。具有重要饲用价值的牧草种质资源有 490 种。其中，优等饲用价值牧草种质资源 117 种，良等饲用价值牧草种质资源 102 种。由于近些年气候环境变化、人类活动的破坏，以及不合理的开发利用，使一些重要的濒危牧草资源逐渐减少，甚至消失。因此，需要进行“保育并重，合理开发”，“保”是通过建立种质资源保护区和牧草种质资源圃对重要的野生种质资源进行保护；“育”是加强特、优野生种的驯化选育，已有新品种的提纯选育、繁育，新品种的培育。建立野生草种采种区，合理开发利用野生优质乡土草种资源，以满足生态建设的需要和对当地生态环境的适应性。

5）政策扶持，市场运作

以市场为导向，充分发挥行业管理部门职能，完善政策配套管理和服务体系，对农民采取订单方式联营，提供种子和技术服务，按保护价收购，调动农民和企业专业化生产的积极性，逐步建立草种业科学的管理体系。

在种子法实施过程中，强化草种子管理的法制化。构建种子生产、加工、流通、检验等完善的产业链条，加大执法监督力度，对无照经营问题予以严格限制，对草种子市场进行规范与约束，实现市场净化，不允许质量不合格的种子进入到市场中。

第六章 内蒙古自治区草种产业发展现状与建设可行性研究

内蒙古自治区位于我国北部边疆，由东北向西南斜伸，呈狭长形。位于东经 97° 12′～ 126° 04′，北纬 37° 24′～ 53° 23′，全区总面积 118.3 万 km^2，占中国国土面积的 12.3%，是中国第三大省份。东、南、西依次与黑龙江省、吉林省、辽宁省、河北省、山西省、陕西省、宁夏回族自治区和甘肃省 8 省区毗邻，跨越三北（东北、华北、西北），靠近京津；北部同蒙古国和俄罗斯联邦接壤，国境线长 4200 km。

内蒙古自治区地域广袤，所处纬度较高，高原面积大，距离海洋较远，边沿有山脉阻隔，气候以温带大陆性季风气候为主。全年太阳辐射量从东北向西南递增，降水量由东北向西南递减。日照充足，光能资源非常丰富，大部分地区年日照时数都大于 2700 h，阿拉善高原的西部地区为 3400 h 以上。西端分布有巴丹吉林沙漠、腾格里沙漠、乌兰布和沙漠、库布齐沙漠、毛乌素沙漠等沙漠，总面积为 15 万 km^2。在大兴安岭的东麓、阴山脚下和黄河岸边，有嫩江西岸平原、西辽河平原、土默川平原、河套平原及黄河南岸平原。多样的气候类型和复杂的地形地势，以及优越的水土光热条件，为各种牧草的种子生产创造了有利条件。

一、草种产业发展现状

（一）草种基地建设及运行现状

1. 内蒙古自治区西部自然概况

内蒙古自治区西部包括 1 盟 3 市，即阿拉善盟、乌海市、巴彦淖尔市和鄂尔多斯市，总土地面积 42.5 万 km^2，草原面积 0.3 亿 hm^2，耕地面积 120.69 万 hm^2，人工草地面积 59.89 万 hm^2。气候干旱，降水量少且集中在 7 ～ 9 月，属于典型温带大陆性气候。境内有库布齐沙漠、毛乌素沙漠、巴丹吉林沙漠、乌兰布和沙漠和腾格里沙漠五大沙漠和后套平原（即巴彦淖尔市），地势平坦、土质较好，有黄河灌溉之便，种质资源丰富。

2. 阿拉善盟

位于内蒙古自治区最西部，东部与巴彦淖尔市、鄂尔多斯市和乌海市相连，东南与宁夏回族自治区毗邻，西南与甘肃省接壤，北部与蒙古国交界。有高原、戈壁、沙漠、山地、丘陵等地貌，著名的乌兰布和沙漠、巴丹吉林沙漠和腾格里沙漠三大沙漠横贯高平原全境。阿拉善高原地处亚洲大陆腹地，气候极端干旱，日照充足，积温高，大风多；太阳辐射强烈，可达 155 ～ 167 Kcal/（cm^2·a），为我国仅次于西藏自治区的强辐射区，降雨稀少而蒸发强烈，主要集中在 7 ～ 9 月，占全年降水量的 60% ～ 75%，且越向西越集中。

阿拉善盟作为我国一个独特的自然地理单元，各类型荒漠广泛分布，植物种类稀少，多为旱生、超旱生和盐生灌木、半灌木，主要有梭梭、红砂、珍珠猪毛菜、白刺、霸王、膜果麻黄、沙蒿、藏锦鸡儿等，多年生和一年生草本种类多但总量小。全盟分布面积较大，并形成种子生产规模的主要有梭梭、花棒、沙拐枣、沙冬青、绵刺、霸王、驼绒藜、柠条、白刺、蒙古扁桃、红砂、沙木蓼、骆驼刺、沙蒿、隐子草、甘草和苦豆子等。草分布面积约 5.33 万 hm^2。其中，花棒、沙拐枣、白刺各 1.33 万 hm^2，沙蒿、梭梭各 1 万 hm^2，沙冬青 0.67 万 hm^2。

3. 鄂尔多斯市

鄂尔多斯市位于内蒙古自治区西南部，地处鄂尔多斯高原腹地。西北东三面为黄河环绕，南邻晋陕宁。年降水量200～400 mm，集中在7～9月。全市年平均气温 6.56 ℃，年日照时数为 2700 ～ 3200 h。鄂尔多斯市草原面积 652.35 万 hm^2，占总土地面积的 75.3%，包括典型草原、荒漠草原、草原化荒漠、荒漠、低地草甸和沼泽六大类型，以典型草原为主。境内植物有种子和蕨类植物 911 种，麻黄、甘草等药用植物 200 余种，植物资源丰富。

2000 年以来，鄂尔多斯市先后提出了“建设绿色大市、畜牧业强市”等农牧业发展战略构想，大力调整农牧业种植结构，变革畜牧业发展方式，并出台了一系列促进草原生态保护的政策措施，加大资金投入力度，大力发展草产业，有效缓解了畜草矛盾。近年来，依托草原生态补助奖励政策、京津风沙源治理、高产优质苜蓿、退耕还草等国家重大项目工程的实施，全市草产业的发展进入了崭新的发展阶段，初步形成了以鄂托克旗赛乌素村和达拉特旗沿河近 1.67 万 hm^2 草产业种植区域，其中草种子生产基地约 166.7 hm^2。

4. 乌海市

乌海市处于内蒙古自治区西部的黄河上游，东和北与鄂尔多斯市搭界，南与宁夏回族自治区石嘴山市隔河相望，西接阿拉善盟，气候特征是日照时间长、昼夜温差大、降水少、气候干燥、季节变化明显，春季升温快，易发生干旱；夏季炎热高温，降水集中；秋季降温剧烈，天空晴朗；冬季少雪。年平均气温 9.3℃，是内蒙古自治区最热的地区。年平均降水量 154.8 mm，年平均无霜期 155 d。年平均风速 3.0 m/s，年大风日数 15 d，以偏南风为主，主要集中在 4 ～ 6 月。

乌海市的草种基本靠从外购进，多年种植的灌木类有柠条、羊柴、饲料桑、沙棘、紫穗槐等。草本种类有苜蓿、草木樨、沙打旺、苏丹草、沙蒿、燕麦、大麦、科乐 8 号玉米、甘草、高羊茅、披碱草、冰草、沙打旺等。

2011 年以来，国家实施牧草良种补贴项目，内蒙古自治区和乌海市政府也出台了相应的扶持政策和措施，调动了农牧民和一些企业种草的积极性，加之矿山综合治理工程的实施，人工种草面积逐年提高，草原生态环境得到了一定改善。

5. 巴彦淖尔市

巴彦淖尔市位于内蒙古西部，东接包头，西连阿拉善盟、乌海市，南隔黄河与鄂尔多斯市相望，北与蒙古国接壤。巴彦淖尔市北部为乌拉特草原，中部为阴山山地，南部为黄河河套平原。

巴彦淖尔市草原总面积 527.76 万 hm^2。其中，牧区草原面积 522.81 万 hm^2，占全市草原总面积的 99.06%，主要分布于乌拉特中旗，乌拉特后旗 2 个牧业旗县和乌拉特前旗、磴口县 2 个半农半牧旗县。天然草原以典型草原、荒漠草原、草原化荒漠、草甸为主。

全市有野生植物 850 余种，野生植物中的裸果木、绵刺、革包菊等为国家二级保护植物；蒙古扁桃、梭梭、肉苁蓉、内蒙古黄芪、胡杨、沙冬青、膜荚黄芪等国家为三级保护植物。在草原部门的努力下，目前已采集野生植物标本 600 多种，为濒危植物保护打下了基础。

（二）草种经营主体建设与经营现状

1. 草种生产基地建设情况

20 世纪 50 年代，因治沙种草和高产人工草地建设需要，内蒙古自治区西部建了20余个草种生产基地，主要有伊克昭盟（现鄂尔多斯市）杭锦旗摩林河草籽厂、乌审旗红泥湾草种繁育场、鄂托克旗赛乌素草籽厂三大草籽厂，巴彦淖尔市乌拉特前旗草籽繁殖厂及阿拉善盟5个采种基地，主要采集梭梭、花棒、沙拐枣、云杉、杜松野生种子。草籽厂的建设为内蒙古自治区西部沙地治理、高产人工草地建设提供了大量草籽和苗木，满足了当地和相关区域沙地治理和人工草地建设的需要。沙地治理、种业先行走在了全国前列，毛乌素沙地被认为是人工治理得最好的沙地。现在仅有鄂托克旗赛乌素草籽厂、乌拉特前旗草籽繁殖厂被保留下来，维持生产，其余种子场因缺乏资金、管理不善、自然退化等原因，已基本停止运行。

2003年，阿拉善右旗雅布赖治沙站建立了梭梭良种基地。2012年，该基地由内蒙古自治区林木品种委员会认定为梭梭林木良种。2016年，被确定为内蒙古自治区重点林木良种基地。2017年11月，被确定为国家梭梭良种基地，现有333.33 hm^2母树林、133.33 hm^2良种示范林。按照《阿拉善右旗雅布赖治沙站国家梭梭良种基地2017至2020年规划》，于2020年建成集良种繁育、试验示范于一体的综合性国家级梭梭良种基地859.33 hm^2。

2013—2014年，内蒙古自治区财政投资在阿拉善盟建设苜蓿种子生产基地400.0 hm^2，为国家高产优质苜蓿示范基地建设提供种子。

2018年11月，阿拉善左旗头道湖治沙站花棒采种基地被确定为自治区级林草采种基地，总面积100.0 hm^2，年均可采集花棒种子1.5t。

2. 草种经营主体建设及经营现状

1）鄂托克旗赛乌素绿洲草业有限责任公司

鄂托克旗赛乌素绿洲草业有限责任公司目前有耕地1.87万 hm^2、草原866.0 hm^2、种子田573.0 hm^2，主要开展苜蓿种子繁育及饲草料加工；种植的苜蓿品种有草原2号、草原3号、中苜1号、中苜2号、中苜3号和龙牧801；草原3号年产量为114.0 t，中苜1号30.0 t，中苜2号60.0 t，中苜3号60.0 t，龙牧801年产30.0 t。

存在的问题是设备工作效率低，损失率高，企业资金少，无力购买先进设备。

2）亿利资源集团

亿利资源集团在近30年保护、引种、驯化、开发沙漠种质资源的基础上，根据自身发展需求，在原国家林业局、科技部和内蒙古自治区各级政府的支持下，于2015年在鄂尔多斯市杭锦旗独贵塔拉镇精品园内建成了“中国西北沙生植物种质资源库”，主要收集、保护沙生灌木及珍稀濒危植物种质资源，已保存沙漠种质资源1040种，涵盖药用植物，珍稀濒危植物、沙生草本、灌木植物及生态修复植物，同时向新疆维吾尔自治区、西藏自治区、青海省，以及“一带一路”沿途国家输出。2018年9月,《内蒙古库布齐濒危及沙生植物国家林木种质资源保存库建设项目可行性研究报告》正式获内蒙古自治区发展与改革委员会批准。已建成8 hm^2异地保存圃、种子低温保存库5间。其中，长期库1间，保存温度-18℃，种子可保存30～50年；中期库2间，保存温度-4℃，保存期10～30年；短期库2间，保存温度4℃，保存期5～10年，已保存植物种子近1000种。

3）内蒙古游牧一族生物科技有限公司

内蒙古游牧一族生物科技有限公司以“沙漠人参”肉苁蓉为主要原料，开发研制苁蓉系列健康养生食品。2010年，在磴口县流转承包土地1666.67 hm^2。其中，种植梭梭林1000.0 hm^2，接种肉苁蓉200.0 hm^2。2012年，种植梭梭466.7 hm^2，2014年种植梭梭200.0 hm^2，接种肉苁蓉200.0 hm^2。通过科技手段，梭梭接种肉苁蓉已获得成功，为大面积保护天然梭梭林，开发沙区苁蓉资源，增加农牧民收入，探索出了一条路子，实现富民、治沙、环保，并促进生态良性循环。2012年肉苁蓉种子成功搭载神舟8号，落户游牧一族基地进行试种，从而填补了巴彦淖尔市肉苁蓉太空育种的一项空白。

4）内蒙古蒙草阿拉善荒漠生态修复有限公司

内蒙古蒙草阿拉善荒漠生态修复有限公司是集科研、科普、沙生植物种植、养殖、科技孵化等为一体的科技型公司，一直专注荒漠生态修复，有 180.0 hm^2 荒漠生态治理示范园，种植花棒、梭梭、蒙古扁桃等当地优质沙生植物。该公司还从阿拉善盟采集土样及荒漠植物标本 1025 种，建成种质资源圃 2.45 hm^2，种植 67 种。其中，乡土种 24 种、地被植物 43 种。建设高效节水及生态修复试验示范 10.3 hm^2，种植花棒、沙拐枣各 3.3 hm^2、沙冬青 3.4 hm^2。

5）乌兰布和生态沙产业示范区

乌兰布和生态沙产业示范区按照政府主导、企业主体、农牧民参与的总体思路，遵循以水定产的原则，在水电路林基础保障设施齐备的区域，引导企业开展生态治理，完成治理面积 10000 多 hm^2。其中，建设人工草地 1866.7 hm^2。

2015 年，梭梭套种甘草 533 hm^2 成功后，示范区甘草种植面积达到 800 hm^2。2016 年，建设以高粱为主的基地 400 hm^2。2017 年，种植狼尾草、沙打旺、高粱、青储玉米等 400 hm^2。经过 1 年的试验，示范区内一次性实现“沙变土”，当年实现植被全覆盖。

（三）草种供求现状

1. 供种量现状

1）供种来源

内蒙古自治区西部种子匮乏，草种企业大都从甘肃省民勤县、陕北的榆林市等地，以及周边地区农牧民手中收购种子，供种能力低。

阿拉善盟应用广泛的林草种子主要来源于境内建成的各级采种基地和一般采种林。草原部门需求野生灌木、草种子，多从当地及周边农牧民手中收购，除内蒙古自治区本级投资建设的 2 个高产优质苜蓿种子基地，国家、地方和个人没有投资建设专门的灌溉草种子基地。

2）供种量

鄂尔多斯市苜蓿原种繁育田主要以准格尔苜蓿，草原 2 号、3 号苜蓿，中苜 1、中苜 2、中苜 3 号为主。2015 年，新建优质苜蓿种子田 333.0 hm^2，改扩建原有基地 333.0 hm^2。高产苜蓿种子田全部达产后，可以向社会提供 250 t 优质苜蓿种子。

阿拉善盟国家级梭梭林良种基地面积 859 hm^2，年产梭梭种子 10 t 以上，年产梭梭苗木 100 万株以上，为当地梭梭造林与储备提供良种与技术支持。高产优质苜蓿种子基地 400 hm^2，每年至少可提供种子 100 t。

2. 用种量现状

近些年，阿拉善盟实施国家退牧还草工程，每年草原生态建设规模 33 万 hm^2 以上，涉及人工种草和退化天然草原补播面积在 3.3 万 hm^2 左右。2015 年以后，人工草地建设用种主要是苜蓿和燕麦，每年建设面积苜蓿 666.67 hm^2、燕麦 1000 hm^2，用种量苜蓿在 20.0 t、燕麦在 100.0 t 左右。

生态用种以梭梭为主，次为花棒、沙拐枣、白刺、沙冬青、蒙古扁桃、柠条、黑果枸杞等沙生植物。阿拉善盟近几年每年育苗用种量约 10.0 t，其中梭梭约 5000 kg，占总育苗用种量的 50% 左右。飞播造草所用的草种主要为花棒、沙拐枣、白沙蒿、柠条、沙米等，每年用种量约 300.0 t。其中，花棒约占 50%，沙拐枣约占 30%，柠条、沙冬青、沙蒿和沙米约占 20%。人工散播梭梭种子用量约 3.0 t。

（四）建设草种产业技术储备

内蒙古自治区西部草种业发展一直都有品种储备计划，鄂尔多斯市鄂托克旗从 2008 年开始，就与内蒙古农牧业科学院、内蒙古农业大学等机构合作，引进优质苜蓿草种，在赛乌素现代农牧业基地种植紫花苜蓿666 hm^2，在25个国内外苜蓿品种中选出适宜当地生长的12个优良品种试种，目前初步形成了1666.67 hm^2牧草种子生产基地。

种植技术是治沙技术的精髓，亿利资源集团在近30年的治沙实践中，研发的甘草治沙改土技术、甘草平移技术、削峰填谷技术、盛水容器苗固沙造林技术、“微创气流法”造林技术等，成为治沙成功的“秘密武器”。

扦插繁殖是对珍稀濒危植物进行有效种质保育和保护的可靠方法之一，四合木扦插技术的成熟，对其种质资源保存和种群扩大意义深远，进而改善其濒危现状。

相关企业在喷灌、滴灌、栽培技术、水肥一体化、牧草生产、收获加工、储藏等技术方面都较成熟。

（五）建设草种产业的优势与条件

1. 气候优势

内蒙古自治区西部白天气温高、夜间气温低，昼夜温差大，日照充足，积温高，利于干物质积累。太阳辐射强，秋季干燥，降雨少而蒸发强烈，且集中在7月、8月、9月三个月，且越向西越集中，利于牧草种子成熟。水、热同期的气候条件，特别适宜牧草种子生产，生产的牧草种子籽粒饱满、含水量低，利于发芽和贮存。

2. 地域优势

牧草种子生产具有很强的地域性，因此，必须根据具体草种或品种生长发育特点和结实特性，综合自然条件和人文条件，选择最适宜的牧草良种繁育基地进行种子生产。内蒙古自治区西部地形复杂，有山地、丘陵、高原、沙漠、沙地等地貌，有地势平坦，土壤肥沃的黄河河套平原，降水量少且集中，为天然种植和采种提供了得天独厚的条件，可建设“绿洲式繁种基地”，有利于牧草品种保护。

3. 种质资源优势

内蒙古自治区西部是荒漠草原向草原化荒漠、荒漠的过渡带，草原植被以旱生、超旱生植物为主，耐旱植物种质资源丰富。有药用植物甘草、锁阳、肉苁蓉、麻黄、远志、罗布麻等；有固沙植物柠条、沙蒿、酸刺、马蔺等；有国家二级濒危珍稀保护植物四合木、半日花、绵刺、沙冬青等，资源丰富，科学研究价值高，适合建植大规模天然抗旱植物采种基地，为生态建设和草牧业生产发展提供物质基础。

4. 市场优势

内蒙古自治区西部面积辽阔，因治沙种草和高产人工草地建设需要，牧草种子需求量较大，建设牧草种子生产带，可有效解决供需的长期矛盾，为生态建设和草原改良种草服务。

（六）国家与当地政府对推进草种产业发展的政策扶持

1. 国家政策解读

2000 年以来，国家和地方政府在牧草种子基地建设方面投入较多。2000 年 12 月实施的《中华人民共和国种子法》规定了草种的种质资源管理和选育、生产、经营、使用等活动。

2003 年颁布实施的《中华人民共和国草原法》第二十九条指出：“加强草种基地建设，鼓励选育、引进、推广优良草品种”，为相关行政主管部门依法加强对草种生产、加工、检疫、检验的监督管理，保证草种质量提供了法律保障。

2007 年，《全国草原保护建设利用总体规划》重点工程之四规划了在甘肃河西走廊、蒙宁河套灌区和新疆绿洲灌区建设牧草原种繁育基地。

2011 年，《国务院关于加快推进现代化农作物种业发展的意见》指出，要构建以产业为主导、企业为主体、基地为依托、产学研相结合、“育繁推一体化”的现代农作物种业体系，全面提升我国农作物种子发展水平。

2012 年，《全国现代农作物种业发展规划（2012—2020 年）》指出，加强种子生产基地建设，分区域、分作物建设优势种子生产基地，加强国家级和区域级种子生产基地建设，形成相对集中稳定的标准化、规模化、集约化、机械化种子生产基地。

2013 年，《国务院办公厅关于深化种业体制改革提高创新能力的意见》指出，加快种子生产基地建设，加大对国家级制种基地和制种大县的政策支持力度，加快农作物制种基地、林木良种基地、保障性苗圃基础设施和基本条件建设。加强种子市场监管。

2015 年《全国农作物种质资源保护与利用中长期发展规划（2015—2030）》指出，拓展牧草等现有 60 个种质圃保存能力，新建一批综合性种质圃，承担相应区域的多年生、无性繁殖作物及牧草种质资源的保存。

2. 地方政府扶持

内蒙古自治区先后制定下发了《内蒙古自治区禁牧和草畜平衡监督管理办法》《补奖机制管理办法》《牧草种子补贴管理办法》《草原野生植物采集收购管理办法》《草原野生植物采集收购管理办法》等一系列相关管理办法和规定，为加强草原保护与建设奠定了政策基础。

2016 年，内蒙古自治区党委、人民政府《关于落实发展新理念加快农牧业现代化实现全面小康目标的实施意见》中指出：加快发展现代种业，建立自治区救灾备荒种子储备制度，种子储备经费列入政府财政预算；建立以企业为主体的育种创新体系，鼓励种子企业加大研发投入，推进种业人才、资源、技术向企业流动；大力培育育繁推一体化种子龙头企业，对缴纳城镇土地使用税确有困难的育繁推一体化种子生产企业，可按有关规定减免仓库、晒场、加工厂房等种子生产用地的城镇土地使用税；设立自治区现代种业发展基金；推进现代种业信息化、新品种试验示范网络建设；制定自治区制种保险和粮食作物制种大县奖励等政策；大力发展牧草种业，构建现代草种产业体系，不断提高草业良种的生产能力和质量；推进农作物品种试验体系和品种审定制度改革，完善种子审定评价体系。

国内苜蓿种子主要依赖进口，为了打破这种僵局，内蒙古自治区出台政策，支持自治区内草种企业、有品种产权和土地的单位建设苜蓿原种繁育基地，按照每公顷 18000 元的标准，对苜蓿原种繁育田给予补助。

阿拉善盟林草种子以飞播造林为主，国家每年对阿拉善盟飞播造林工程投资很大，但在采种基地建设、经营、管理方面却鲜有投资。从 2012 开始，财政部、国家林业局开始在自治区开展林木良种补贴试点工作，对林木良种苗木培育和林木良种基地给予补贴。2018 年以前，阿拉善盟良种补贴主要以林木良种苗木培育为主，补助标准为 0.2 元 / 株，2012—2018 年，共补助资金 750 万元，培育各类良种苗木 3750 万株。2018 年，首个国家重点林木良种基地——阿拉善右旗雅布赖治沙站国家梭梭良种基地申请到补助资金 70 万元用于基地建设，补助标准为 100 元 / 亩（1 亩 =666.7 平方米）。

（七）草种产业发展存在主要问题

1. 优良当家品种退化

由于近年来对草籽场和牧草种子生产专业户的扶持不够，种子生产手段落后，使种子品质下降，混杂严重，结果导致优良品种生产性状退化，产量下降、品质变差、抗性减弱、易受病虫危害。如鄂尔多斯市的地方优良品种准格尔苜蓿退化较为严重；内蒙古农业大学培育的“草原 2 号”杂交苜蓿和老芒麦等优良牧草品种保种面积极小，年产种子仅几吨，而且也存在品种退化问题。为保证这些牧草的优良性状不致丢失，急需提纯复壮。

2. 资源丰富，保护利用不足

内蒙古自治区西部有非常丰富的种质资源和得天独厚的自然条件，可开发利用的草种很多，潜力巨大，但缺少草种的基础研究，对其结实情况、种子特性认识不足，对良种的选育、种质资源保护和利用重视程度不够，良种品种少，缺少良种采种基地和种质资源保存库。

3. 种子企业竞争能力弱

企业数量多、规模小、研发能力弱，种子繁育基础设施薄弱，机械化水平低，无专业的草种子生产田，大部分草种田属于牧草收种两用田，企业根据市场情况和当年的气候等特点、种子产量确定该收获牧草还是种子，或者放牧利用，牧草种子只是牧草生产的副产品，尚未建立专业化繁育体系。

4. 育种创新能力较低

由于现行体制的制约和法制不完善，严重影响着牧草新品种诞生的速度及品种的推广。牧草育种现阶段过度依赖国家单一投入，造成经费少，育种力量分散，育种方法、技术和模式不活，成果评价及转化机制不完善，品种推广存在不少堵点，育种者的利益常常得不到补偿。加之没有建立草种繁育体系，市场监管技术和手段落后，草种品种混杂，影响了部分优特草种价格，给种子生产经营企业造成了经济损失。

5. 缺乏复合型育种人才

建设草种子专业化生产带，离不开人才。但内蒙古自治区西部社会经济发展与发达地区还有很大差距，所需外地人才引不来，当地人才留不住。林草基地的经营主体都在基层，条件相对艰苦，相关的管理人才和专业技术人才更加匮乏，加之自身技术力量薄弱，科技支撑不足，上级专业技术部门指导和服务不够，严重制约了草种业的发展。

6. 种业发展支持体系不健全

生物育种行业主要以商业化、市场化为主。生态建设所用林草种子育种是公益性的基础产业，需要国家投入。现状是林草育种的相应支持政策国家少、地方缺，国家级的林草良种基地、采种基地和种质资源库由国家投资，申报国家级的基地的条件必须是省区级基地且达到一定年限后才有资格，而自治区级的基地因无资金支持渠道，导致资金短缺、管理跟不上，始终达不到申报国家级的水平和资格要求，无法获得国家投资。这也是之前建设的采种基地最终废止或保留少、草种单一的主要原因。因此，国家、地方财政、税收、信贷等政策扶持力度有待进一步强化和完善。

（八）建设国家草种生产带的建议

1. 开展中长期规划

草种生产和生态建设具有长周期性，良种选育一般需十几年到几十年时间。长期以来，一些科研院所、高校和企业根据科研、教学和生产需要，自发地建立了少数不同类型和规模的草种生产基地，为新品种选育、林草培育模式构建、新技术推广示范，以及林业和草原生态工程建设用草提供了重要支撑。但由于缺乏顶层设计和规范管理，草种基地碎片化、低质化、短期化问题突出，造成科研资源重复、浪费，缺乏持续，难以满足草牧业科技创新与生产需求。因此，国家及地方政府推进草种生产带中长期规划，从国家层面对草种生产基地作统一设计，提出统一要求，实行统一规范管理。同时，有关部门应根据不同地区生态区域供种规划，按规划安排年度计划，先行试点，总结经验，示范推广，实现从贸易型转向自主研发型，从多品种研发转向优质品种迅速规模化推广，从科学研究为主导转向市场需求为主导。

2. 加大良种补贴

根据地域性特点，对适宜不同地区种植的优良牧草种子进行补贴，包括人工种草、草地改良的优良豆科与禾本科牧草种子，以及青贮玉米种子等；同时，为促进新品种育种工作，国家应从科研经费与实验室基础设施、育种人的待遇等方面给予经费支持，鼓励育种人尽可能多地培育高产、高质、抗逆性强的新品种，加大对育种试验基地的补贴力度。优良品种育成后可通过重奖的办法进行鼓励，对生产优良草种的基地按种子产量分品种给予补贴，对人工种草按种草面积进行补贴。为防止落实环节出现问题，调动农牧民自繁自种的积极性，可通过“一卡通”形式对农牧民直补。

3. 建立良种繁育基金

国家及各地区都应建立良种繁育基金，根据本地区草地建设的需要，向草品种的培育者预购所需种子，品种培育者再委托相关草种繁育场繁育所需的种子，推进新品种尽快应用于生产，加快新品种转化为现实的生产力进程。

4. 加强种业基础性公益性研究

开展草原种质资源普查、收集、保护和鉴定，通过深度评价，发掘重要功能基因，建设种质资源保护共享平台，依法向社会开放。加强分子育种、抗性鉴定、检测检疫、生产加工、信息管理等关键技术研究，制定和完善品种真实性、种子质量等检验检测技术标准。加强常规育种和无性繁殖材料选育及应用技术研发。

二、建设国家专业化草种生产带可行性研究

（一）项目建设的必要性与意义

1. 产业发展，种业先行

草种的生产水平和能力，可作为一个国家农业是否发达的标志之一。草地畜牧业发达国家，如美国、丹麦、荷兰和新西兰，均形成了先进草种良种选育和种子生产技术与管理体系，建立了与此相适应的规模化、集约化生产与流通机制。

中国目前还缺少能够提供草种的领军企业，这不仅是全行业面临的问题，也是中国在推进生态文明国家战略中面临的问题。在当前草牧业大发展的形势下，如何振兴中国现代草种产业，繁荣草种专业化生产、满足草种市场需求是草业行业共同的责任。

我国草种的应用市场主要是三个方向：生态建设、牧草种植，以及绿化景观。按这三个方向可以将草种产品划分为生态种子、牧草种子，以及草坪草种三大类，用种量超过 15.0 万 t，市值超过百亿元。

内蒙古自治区幅员辽阔，各地区气候各异，草种质资源极其丰富。由于以往对草种子研究重视不够，虽然部分科研院所和大专院校培育了一些优良品种，但与生产和生态建设需求还存在一定距离。加上资金、机制等原因，没有大面积扩繁，难以形成商品进入流通领域。因此，亟须开展草种培育，研究适宜各区域种植的草种，为草业发展和生态建设提供支撑。

2. 有效降低对进口草种的依存度

近年来，随着我国畜牧业的迅速发展，对优质牧草种子的需求急剧增加，而使优质草种缺口进一步变大。自“三聚氰胺事件”后，国内开始大量进口草种和苜蓿干草，进口草种和饲草逐步吞噬了国内市场，市场占有率不断提高。其中，饲用牧草草种和草坪用种 50% ～ 80% 依赖进口，而这部分正是我国草业发展的核心需求和核心产能。

2015 年，在现代草种产业发展高峰论坛上，中国畜牧业协会草业分会会长卢欣石的发言中指出：放眼全世界，中国草种业的发展还非常滞后，目前中国生态修复用的草种面临巨大缺口，无法支撑如此庞大的修复规模。在园林绿化产业中，大部分引进国外的草坪草，这些异国的草来到中国，突出的问题是“娇气”，耗水比较多；在牧草领域，一些优良牧草如披碱草、燕麦草和三叶草等大量依赖进口。

畜牧业和生态工程所需草种缺口巨大。需求量大而自身供给能力低下，是造成草种、苜蓿草进口量井喷和对外依存度逐步提高的根本原因。目前，苜蓿草进口价格已从 2007 年的 2000 元 / 吨上涨到 2600 元 / 吨，高的达到 2800 元 / 吨，这一价格远远高于从美国进口玉米的价格，导致国内牛奶、奶粉涨价的动力增强。

3. 为改善沙地生态环境提供支撑

内蒙古自治区西部有我国八大沙漠中的四大沙漠，是我国荒漠化和沙化土地最集中、危害最严重的地区，是京津地区重要的风沙源。近年来，在国家政策的支持下，内蒙古自治区实施“三北”防护林、京津风沙源治理、退耕还林、退牧还草等生态修复工程，不断探索治沙新模式，从人进沙退，再到向沙漠要效益，开始向良性循环发展。

据 2016 年公布的内蒙古自治区第五次荒漠化和沙化土地监测结果显示，荒漠化和沙化土地实现持续“双减少”，荒漠化土地和沙化土地面积分别比 2009 年减少 4.16 万 hm^2 和 3.43 万 hm^2，减少面积均居全国首位。这些成就的取得，受益于国家宏观政策的引导，也预示着草种业未来的良好发展前景，更需要坚实和快速发展的草种业来支撑。

4. 对绿色矿山建设有很好的推动作用

鄂尔多斯市、乌海市是内蒙古自治区西部的新兴工业城市，矿产资源丰富。大量矿产开采，使山体原貌遭到严重破坏，造成一些山体岩石裸露、寸草不生，不仅影响植被景观及生态环境，还有随时发生的坍塌、滑坡等一系列安全问题。因此，矿区生态修复，不仅事关人民日益增长的美好生活需求，而且事关全面建成小康社会，经济高质量发展和美丽中国建设。按照《国务院关于印发打赢蓝天保卫战三年行动计划的通知》要求，矿区生态修复要寻求科学的修复方式，以进一步降低修复成本，达到较好的修复效果。建立草种子专业化生产带，选育一些适合矿区生长的生长周期长，成活率高的品种，是推进工矿企业退出，开展矿山环境治理，营造绿色矿山、绿色工厂、绿色园区的重要保障。

（二）草种生产建设的可行性

1. 资源条件的可行性

从建设草种产业优势与条件看，其气候条件、地域条件与拥有的植物资源，对建设与发展现代草种产业提供了资源上的保障。

2. 技术支撑的可行性

亿利资源集团、内蒙古蒙草生态环境（集团）股份有限公司在治沙研究与实践中研发出一系列技术，如后者研发的三大核心技术：野生植物驯化育种技术、节水抗旱园林绿化技术、生态修复集成技术。同时，内蒙古蒙草生态环境（集团）股份有限公司对乡土野生草种进行了研究和培育，针对“干旱半干旱地区的草坪、草地、草原”的种质资源研究，已收集北方干旱半干旱地区1600余种种质资源，已驯化繁育、推广应用160余种。

3. 市场投资的可行性

近年来，随着草地改良和生态治理的迅速发展，对牧草种子的需求也急剧增加，草种缺口大，市场供不应求，草种市场发展潜力巨大。

鄂尔多斯市有丰富的草原资源，有柠条、羊柴、花棒、草木樨等优良的草地改良乡土品种，但没有生产地，草种紧缺。因此，可在杭锦旗、鄂托克旗近6666 hm^2硬梁地区建立集中连片的乡土草种生产基地，使乡土草种生产和苗条繁育形成产业化，逐步发展成自治区乃至国家西部地区乡土草种生产和苗条繁育集散地，为本地和内蒙古中西部、陕北、宁夏回族自治区、甘肃省等地草产业发展和退化草原改良提供优质种源。

鄂托克旗赛乌素绿洲草业有限责任公司是鄂尔多斯规模最大，实力最强的牧草种子生产经营及饲草料加工企业。2010年在各级政府的支持下，实施3333.0 hm^2优质苜蓿规模化经营项目，总投资2.3亿元。目前，该公司拥有苜蓿种子田573 hm^2，通过建立草种子专业化生产，规划建立6666 hm^2苜蓿种子生产基地，建成后将解决内蒙古全区内10万 hm^2苜蓿地的供种问题，打造内蒙古西部最大的种子基地。

4. 组织模式的可行性

1）育繁推一体化模式

育繁推一体化是未来草种产业发展中比较先进的模式，它以市场为主导，把育种环节、繁育环节、销售环节有机结合起来，使各方资源整合协作，快速提升草种业的创新能力、供种能力、竞争能力，确保了优良草种供种数量和质量。蒙草公司通过核心品种选育，育繁推一体化全程把控，不断繁育出适合不同区域市场的品种，成为中国草种业的第一品牌。

2）库布其模式

亿利资源集团在近30年的探索中，形成了“三个结合、三个规律、四轮驱动”的“库布其模式”。该模式把绿起来与富起来相结合，生态与产业相结合，企业发展与生态治理相结合，按照“政府政策性支持、企业产业化投资、贫困户市场化参与、生态持续化改善”的治沙生态产业扶贫机制，通过实施“生态修复、产业带动、帮扶移民、教育培训、修路筑桥、就业创业、科技创新”等全方位帮扶举措，公益性生态建设投资30多亿元，产业投资380多亿元，发展起了一二三产融合互补的千亿级沙漠生态循环经济，治理了1/3的库布齐沙漠，累计带动库布齐沙漠所在的杭锦旗、达拉特旗、准格尔旗、鄂托克前旗，以及新疆维吾尔自治区阿拉尔市、甘肃省武威市等沙区10多万农牧民彻底摆脱了贫困。把库布齐沙漠从一片“死亡之海”打造成为一座富饶文明的“经济绿洲”，从当初被动治沙、朦胧扶贫逐步探索出“治沙、生态、产业、扶贫”四轮平衡驱动的可持续发展之路。

3）“一草一蓉”模式

亿利资源集团30年来本着“多采光、少用水、高技术、高效益”的沙产业发展理念，运用生态修复积累的种质资源和种植技术，在阿木古龙开展甘草产业扶贫示范项目，通过在沙漠土地上发展“一草一蓉”，在666.0 hm^2 甘草中套种梭梭，并接种肉苁蓉100.0 hm^2，实现向沙漠要效益。

内蒙古游牧一族生物科技有限公司的“公司＋合作社＋基地（种植企业）＋农牧民”的人工梭梭肉苁蓉种植产业化经营模式，为大面积保护天然梭梭林，开发沙区苁蓉资源，增加农牧民收入，探索出一条可行的路子。实现了富民、治沙、环保，促进生态良性循环。

4）草都“O2O”模式

内蒙古草都草牧业股份有限公司基于大数据管理平台，打造草业社会化服务平台，建立数据端口，对用户开放数据，建立一组草业应用系统，实现统一查询、检索、浏览、分析的动态数据、历史数据，所呈现的数据表格、饼图、直方图、折线图、热力图等表现形式的大数据可视化图表，为数字草业建设打基础，为草业信息资源开发、整合、共享、开放、利用奠定了基础。牧民可上网查阅自己的土地地理位置、草场信息、确权承包、征用信息、核定的草畜生产力与草畜平衡信息、种子基地属性信息、产品价格信息、草种检测报告公布等。

草都通过牧草 + 互联网 + 供应链金融 + 连锁的模式，形成种、产、研、采、收、储、运、销一体化的高效运营模式，打造卓越的草牧业运营服务商。其所形成的草都“O2O”模式详见图 6。

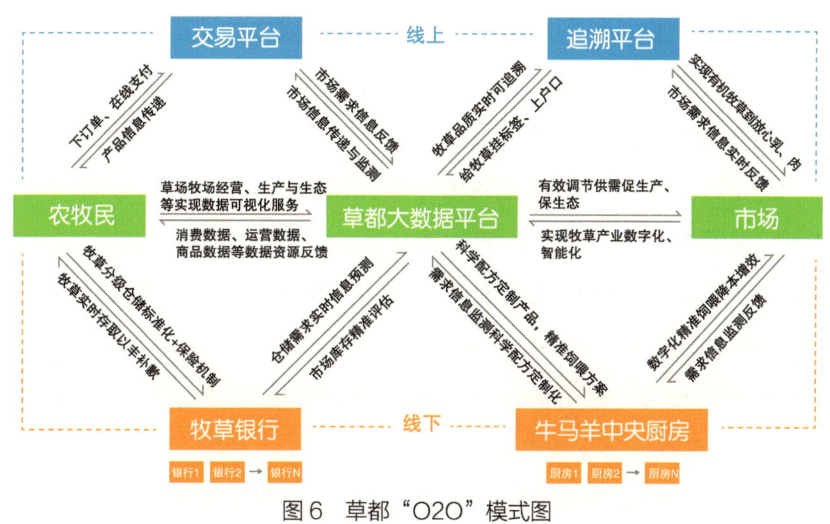

图 6　草都“O2O”模式图

5. 促进社会发展的可行性

1）促进生态环境改善

在草原生态修复中有针对性地选出适合草原修复、矿山修复、盐碱地治理的品种进行培育，选育出适合不同地域的植物种子，不仅大量繁育了种子资源，还能加快草地生态修复。阿拉善盟沃诗金生态科技产业发展有限公司为探索沙区生态治理，先后种植狼尾草、沙打旺、高粱、青贮玉米等，进行生态重建实验和其他植被的生态重建，一次性实现“沙变土”，当年实现植被全覆盖。这说明沙区种草不仅助于防风固沙、保护生态环境，还有助于减轻天然草原放牧压力，推动农牧民脱贫致富。

2）促进产业扶贫

近年来，阿拉善右旗持续开展林业、草原生态保护与建设，积极探索和挖掘符合当地实际，重点发展以梭梭种植、肉苁蓉、甘草、白刺锁阳等沙生植物资源的开发利用，人工种植梭梭接种肉苁蓉已经成为右旗农牧民增收致富的主要渠道。曼德拉苏木沙林呼都格地区现已建设完成 3.3 万 hm^2 人工梭梭林种植基地，5666.6 hm^2 人工肉苁蓉接种基地，甘草种植基地 500 hm^2 及天然白刺锁阳采挖基地 20 万 hm^2，成立沙草产业合作社 3 家，带动农牧民发展沙产业 341 户，肉苁蓉采挖每户年收入可达到 1.5 万元，锁阳采挖每户年收入可达到 1 万元。

亿利集团通过建立甘草集约化种植示范基地，治沙改土，开展了“三到户”“四到户”“就业扶贫”产业扶贫模式，等实现产业扶贫。“三到户”模式：公司为农牧民免费提供甘草苗条、技术服务及订单回购，帮扶库布齐沙漠腹地的贫困户在自有土地上发展甘草产业。“四到户”模式：由公司为每户贫困户提供 2 hm^2 沙漠土地，且免费提供甘草苗条、技术服务及订单回购，帮扶当地国家级贫困户发展甘草产业。“就业扶贫”模式：以民工联队方式组织贫困户到企业甘草基地和其他产业基地打日工，按照每天 200 元标准支付劳务款，实现“一人就业，一户脱贫”的目标。

6. 政策、制度保障的可行性

党的十八大以来，党中央高度重视生态文明建设。习近平总书记曾多次强调要把内蒙古建设成我国北方重要的生态安全屏障，在祖国北疆构筑起万里绿色长城。内蒙古生态状况如何，不仅关系全区各族群众的生存和发展，而且关系华北、东北、西北乃至全国生态安全。把内蒙古自治区建成我国北方重要生态安全屏障，是立足全国发展大局确立的战略定位，也是内蒙古自治区必须自觉担负起的重大责任。构筑我国北方重要生态安全屏障，把祖国北疆这道风景线建设得更加亮丽，必须以更大的决心、付出更为巨大的努力。

内蒙古自治区有森林、草原、湿地、河流、湖泊、沙漠等自然环境，是一个长期形成的综合性生态系统，生态保护和修复必须进行综合治理。保护草原、森林是内蒙古生态系统保护的首要任务。必须遵循生态系统内在的机理和规律，坚持自然恢复为主的方针，因地制宜、分类施策，增强针对性、系统性、长效性。

草产业要发展，种子是核心，无论是西部大开发实施的治理荒漠、恢复植被，还是实施“振兴奶业苜蓿发展行动”“西部治理河套区域苜蓿种植核心区”建设规划，都需要大量的优质牧草种子。习近平总书记在参加十三届全国人大二次会议内蒙古自治区代表团审议时强调，要保持加强生态文明建设的战略定力，探索以生态优先、绿色发展为导向的高质量发展新路子。发展乡土草种基地建设，是贯彻落实习近平生态文明思想的重要体现，是打造祖国北疆生态安全防线的具体实践。

（三）建设思路、区域布局与产业模式

1. 建设思路

种子生产和管理要求技术和物质投入较大，需要做好种子生产的区域规划，选择合适的草种，在生产条件较好、过去有生产经验的草籽厂进行集中连片生产，进行规模化种子生产，不提倡搞全面推进和遍地开花的种子生产模式。

内蒙古自治区西部生态建设用种以天然采种基地为依托，对乡土草种进行封育、人工保育、提纯复壮；生产用种以高产人工草地建设需求为导向，生产苜蓿、老芒麦、披碱草、青贮玉米、甜高粱等优质草种；草坪用

种以大青山早熟禾为主导草种；保护现有草种生产企业，提高专业人员育种、保育技术、提纯复壮等技术研究，加快培育新型经营主体，实现草种业“基地建设标准化、种子生产产业化、生产过程机械化、管理手段信息化、制种农民职业化”，推动种子产业加快转型发展。

2. 区域布局

内蒙古自治区西部气候适宜于进行温带牧草种子生产，只要满足了灌溉条件，就有潜力发展成为我国温带牧草种子的集中生产区，具体布局如下（图 7）。

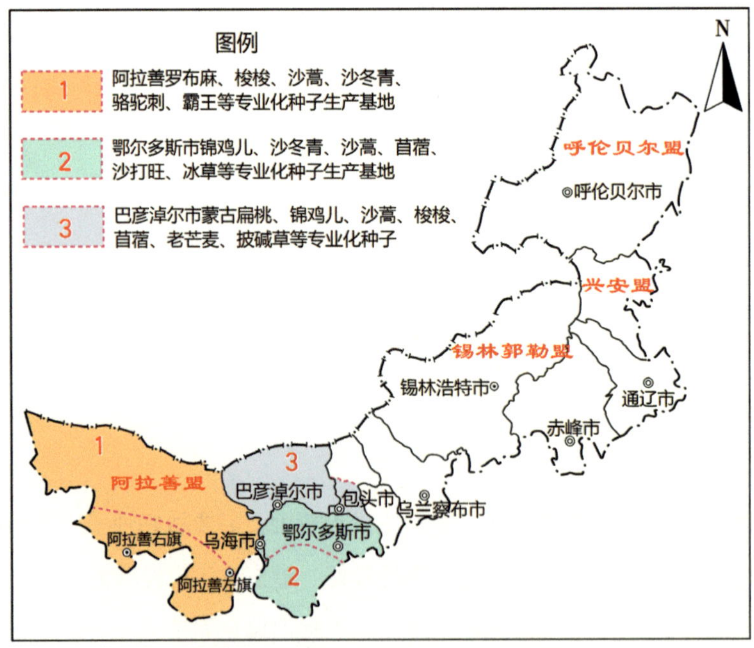

图 7　内蒙古自治区草种生产建设布局

（1）阿拉善盟生态建设灌木、半灌木草种资源生产保护区：以旱生、超旱生的灌木、半灌木为主，以天然采种基地保护为抓手，适合生产的草种有罗布白麻、罗布红麻、梭梭、沙蒿、沙冬青、骆驼刺、霸王等。

（2）鄂尔多斯市生态建设和生产用种生产区：生态用种主要有中间锦鸡儿、柠条、沙冬青、白沙蒿、黑沙蒿等；生产用种有中苜1号、中苜2号、中苜3号，草原1号、草原2号苜蓿、沙打旺、草木樨状黄芪、冰草、准格尔苜蓿等。

（3）巴彦淖尔市生态、生产草种生产区：生态建设草种有蒙古扁桃、中间锦鸡儿、沙蒿、梭梭等；生产用种以鄂托克前旗草籽厂为主，生产草原1号，草原2号苜蓿，中苜1号、老芒麦，披碱草、沙生冰草等。

（4）乌海市濒危物种生产繁育区：乌海市境内分布着四合木和半日花，为中国特有孑遗单种属植物，具有极高的保护和科学研究价值，是国家重点保护的野生植物。应建立以四合木、半日花为主的保护、扩繁、保育及采种基地。

3. 建设模式

草种建设采用“政府统一规划 + 企业统一收储 + 农牧民 / 合作社订单种植”的发展模式。政府科学规划，进行统一管理，生态建设用种以合作社和牧民集体组织为主体，高产人工草地建设用种以企业、合作社为经营主体；企业除自身种植外，进行统一育苗、播种等经营管理，收种季节代政府进行统一收储、保存，政府为企业提供相应收储费用，待政府用种时为政府提供优质合格的草种；农牧民、合作社按照规划进行订单生产，种植优质品种，按品质分级定价向企业销售（图8）。

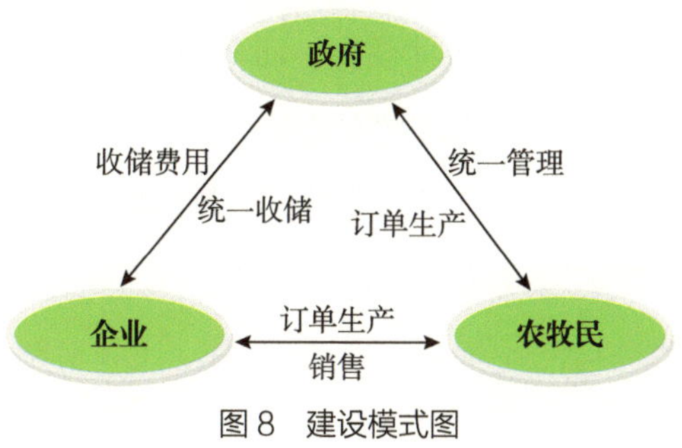

图8　建设模式图

（四）风险因素及对策

1. 风险因素

1）气候因素

气候条件是决定草种子生产成败的首要条件，而且基本上是一个不受人为控制的因子。内蒙古自治区西部温度高、日照时间长、昼夜温差大、降水集中，有利于草种子生长。温度和降水虽能满足大多数草种子生产的需求，但多变的气候和水、热不同步是该区旱作草种子生产中的最大不利因素。偶遇灾年，植物生长早期缺水少雨，时有旱象发生，种子生产总产量即大幅度减少，致使种子供不应求、价格飞涨。

2）市场因素

草种业发展受市场调控的影响，种子在丰歉年存在供需矛盾。丰年种子生产过剩，企业、农牧民生产的种子没人收购，经常烂到田里，种子收购方又千方百计压价，企业不得不低价出售；相反，在种子短缺的年份，种子销售方为了自身经济利益，故意抬高价格，使需方蒙受损失。同时，随着国家草原生态建设等项目的启动和牧区惠农政策的实施，畜牧养殖业的快速发展，草种需求量呈现快速增长趋势，国内草种缺乏，须从国外大量进口，从而导致种子涨价。

3）人才因素

种业的发展离不开人才。但内蒙古自治区西部社会经济发展与发达地区还有很大差距，所需科研人才缺少。而草种基地的经营主体都在基层，条件相对艰苦，相关的管理人才和专业技术人才更加匮乏，自身技术力量薄弱，科技支撑不足，上级业务主管部门的技术指导和服务不够，这些都严重制约着草种业生产水平提升和持续发展。

2. 对策

1）原生态植物保护

认真贯彻落实《中华人民共和国草原法》《中华人民共和国野生植物保护条例》等，建立原生态种质资源库、种质资源保护区、保护地，依法开放利用。对全区草原药用植物、珍稀濒危植物进行封育管理，严厉打击偷采滥采、破坏植被的违法行为。

2）建立种子储备制度

建立种子战略储备制度，主要用于发生灾害时的生产需要及余缺调剂，保障农业和林业生产用种安全供给。对储备的种子应当定期检验和更新。同时，加强对经营部门的管理，发挥主渠道作用，限制无照经营，改变种子经营的混乱局面。

3）建立生态用种储备基金

在目前的市场经济体制下，没有一定的经济效益任何单位都难以生存，种子生产单位也不例外。缓解此问题的方法应以疏导为主，加强种子经营和管理的信息交流，改变产销脱节的现象，减少积压，调动生产者的积极性，降低生产、营销中心的风险。并以政府部门为主，划出一部分专用资金作为调节种子余缺的储备金，以起到政府对生产资料市场的调控和干预作用。

4）制定种子生产标准

从隔离、播种除杂、水肥管理、病虫害防治到采收、干燥及包装贮藏等环节，加快各地区种子生产地方标准的制定，规范种子生产技术，促进制种产业和草种生产产业的发展。国务院农业、林业行政主管部门制定种子的生产、加工、包装、检验、贮藏等质量管理办法和行业标准。

5）提高机械设备使用率

针对目前内蒙古自治区草种子田普遍规模小，靠自身能力及所需工作量配不起清选机具的问题，政府部门可以有重点地选点配置或配置一些可移动式的清选机具，进行专业化的清选服务，从而避免现在的多点投资，且又在低水平上重复浪费的情况。同时，将先进适用的制种采种机械纳入农机具购置补贴范围。

6）提高种业基础性公益研究

支持高校和科研院所开展育种理论、种质资源挖掘、育种材料创新等基础性研究，重点突破种质创新、新品种选育、高效繁育等环节的核心技术，全面整合人才、技术、资源等科技要素，提高育种效率，形成持续培育好品种的能力。

7）全面推动绿色矿山建设

建立健全国家级、自治区级、盟市级三级绿色矿山管理体制与机制，逐步建立和完善分地域、分规模、分矿种的绿色矿山建设标准、评价指标体系和相关管理办法。打造绿色矿业发展示范区，引领和带动全区传统矿业的转型升级。按照绿色矿山标准建设的矿山企业，享受国家和自治区关于发展绿色矿业、建设绿色矿山工作的有关法律法规允许的在资源配置、建设用地、税收减免等方面的优惠政策。

（五）结论

内蒙古自治区西部具有多样的气候类型和复杂的地形地势，水土光热条件优越，为各种牧草的种子生产创造了有利条件。经过多年的科学研究和实践，具备黄河灌溉条件的河套区域适于温带牧草种子的生产，有潜力发展成为我国温带牧草种子的集中生产区。

1. 采用“政府统一规划＋企业统一收储＋农牧民订单种植”的发展模式，分区域建立草种生产基地

阿拉善盟在现有的梭梭良种基地和花棒采种基地的基础上，继续扩繁；同时，在长势好、集中连片的人工草地，通过实施促进种子生产力的

抚育措施，新建一批梭梭、花棒、沙冬青、霸王等沙漠植物采种基地或种质资源库。

鄂尔多斯市做好乡土草种的提纯复壮，在杭锦旗、鄂托克旗采取“公司＋基地＋农户”的形式，选择耐贫瘠、耐干旱的柠条、羊柴、草木樨等优良乡土品种；在鄂托克旗赛乌素绿洲草业有限责任公司现有的基础上，打造集中连片苜蓿草种生产基地，打造“内蒙古西北地区最大的种子基地”。

乌海市以中国特有古地中海孑遗植物四合木和国家二级保护植物半日花为主，建立“四合木、半日花保护、采种、繁育区”，打造“中国最大的第四代冰川绝育植物保护地、生产地”。

巴彦淖尔市做好乡土草种采集工作，加强管护；同时，继续做好野生植物标本采集工作，打造“内蒙古自治区最大的野生动植物标本展示区”。

2. 草种补贴政策

1）生态建设用种种子田建设补贴

人工培育生态建设用种田建设费为每公顷补助 18000 元，包括水利设施、围栏、土地使用费等；野生生态建设用种采种基地建设费为每公顷补助 9000 元，用于围栏、禁牧补贴、人工复壮等。生产用种田建设费为每公顷补助 18000 元，包括水利设施、围栏、土地使用费等。

2）生态用种的收储补贴

根据市场需求和生态建设规划，在适当考虑企业稳定收入的前提下，确定收储指导价格，由政府投资，企业代收储和管理。

3）种苗补贴

林木良种种苗每株平均补贴 0.20 元；退耕还林还草种苗造林费每公顷补贴 6000 元，人工营造灌木林每公顷补贴 3000 元。

3. 建立国家草种子战略储备制度

生态建设用种受国家宏观经济调控的影响，每年用量不一致，不同种、不同年份的用量差距很大，完全由市场调节，造成草种价格忽高忽低，会对种子生产企业和个人带来经济损失。为了解决这一问题，建议国家在不同省份、不同草种子主产区建立草种子战略储备库，丰年大量收储，保持市场价格的平稳，歉年释放储备种子，平抑草种价格，保持生态建设用种的稳定性和长期性。

建议在鄂尔多斯建立国家强旱生草种子储备库 1 座，在阿拉善左旗建立沙漠草种子储备库 1 座，在巴彦淖尔建立抗盐碱草种子储备库 1 座。

种子储备库按照“国家建设，政府调度，企业管理，保障供给”的原则进行管理，并制定相应的储藏管理制度，每座储备库面积应不少于 300 m^2。每座储备库收储种子 20 万 t 以上。

4. 加大生态用种科研力度

生态用种研究属于公益事业，应以政府投入为主，针对抗寒、抗旱、沙生、超旱生草种子的培育应持续投入，稳定科研队伍。为此建议：在鄂尔多斯建立我国强旱生草种子研发中心，在阿拉善左旗建立我国沙漠草种子研发中心，在巴彦淖尔建立我国抗盐碱草种子研发中心。研发中心可以利用现有事业单位科研机构，也可利用企业研发机构，研发人员由政府科研机构人员和企业科研人员共同构成。经费来源由政府投资为主体，企业投资和社会捐助为辅助。

第七章 青海省草种产业发展现状与建设可行性研究

青海省雄踞世界屋脊青藏高原东北部，是长江、黄河、澜沧江的发源地，地理位置介于东经 89° 24′～ 103° 04′、北纬 31° 36′～ 39° 12′。全省东西长 1240.6 km，南北宽 844.5 km，总面积 72.23 万 km^2。青海省深居内陆，远离海洋，地处青藏高原，属于高原大陆性气候。主要气候特征表现为日照时间长、辐射强；冬季漫长、夏季凉爽；气温日较差大，年较差小；降水量少，地域差异大，东部雨水较多，西部干燥多风、缺氧、寒冷。年平均气温受地形的影响，其总的分布形式是北高南低。全省年降水量总的分布趋势是由东南向西北逐渐减少，境内绝大部分地区年降水量在 400 mm 以下。青海年太阳辐射总量仅次于西藏高原，日照时数为 2336 ～ 3341 h，太阳能资源丰富。

自 20 世纪 50 年代后期建立青海省草原工作机构以来，由单一、传统的自产、自用农户种子生产逐步过渡到规模化生产牧草种子，并且草种子生产和人工草地建设协调发展，草种子的生产为人工草地种植和退化草原改良提供了重要保障。20 世纪 60 年代初成立铁卜加草原改良站，引进一批优质牧草，筛选出能适合高原生态环境生长的种类，总结了一套适用高原地区栽培的技术措施。20 世纪 70 年代以后，设立了青海省牧草良种繁殖场（位于同德县）、贵南森多、玉树巴塘、果洛大武 4 个专业良种繁殖场。同时，在海南藏族自治州共和县（倒淌河、江西沟）、泽库县（禾日镇）、海晏县（青海湖）等处为农户牧草种子繁殖基地。到20世纪80年代初，成立了省牧草种子质量检验中心。在大力推广人工种草的同时，畜牧草原部门非常重视种子的质量和标准化工作。20世纪90年代末，全省草种子田面积为2300 hm^2，其中燕麦种子田占1900 hm^2。多年生禾本科草的专业种子田只有333.33 hm^2，年生产种子不足200 t，难于满足本省草地建设、生态治理和退牧还草的种子需求。

一、青海省草种产业发展现状

（一）草种基地建设及运行现状

进入21世纪，依托国家种子基地建设，青海省建立了3处国家级牧草种子生产基地，分别为青海中旱生禾本科牧草种子繁育基地、青海湟中县燕麦良种繁育基地、青海同德高寒牧草良种繁育基地。其中，青海中旱生禾本科牧草种子繁育基地目前已处于停运状态。

湟中县燕麦良种基地主要开展饲用燕麦种子生产，是青海省饲用燕麦种子的主产区，目前依托湟中县天兴草业有限公司等运行良好，并在周边建立了近200家专门从事饲用燕麦种子生产的合作社，年建植燕麦种子田近6667 hm^2，并成功申请“湟中燕麦”国家地理标识。目前，湟中燕麦已成为一个品牌，得到国内外同行的认可。该基地主要从事青海444燕麦、青海甜燕麦、青引1号、青引2号、林纳、加燕2号等饲用燕麦品种的种子生产。

青海牧草良种繁殖场种子基地近2万 hm^2，主要开展多年生优良牧草种子生产，同时该基地注重牧草育种和种子生产的结合，与省内几家科研单位合作，育成多个牧草新品种。目前，主要开展同德短芒披碱草、青海冷地早熟禾、青海中华羊茅、同德小花碱茅（星星草）等优良牧草品种的种子生产，年保留种子田近 1.3 万 hm^2，并辐射周边企业和合作社建植的种子基地达 6667 hm^2，年生产多年生牧草种子 5000 t，已成为我国乃至亚洲最大的多年生小粒牧草种子生产基地。

此外，在饲用燕麦种子生产方面，充分利用得天独厚的气候优势，已在西宁市、海东市等地形成了饲用燕麦种子生产基地。种子生产主要依托各县合作社运行，年建植饲用燕麦种子基地近 2 万 hm^2。在多年生牧草种子生产方面，以青海现代草业发展有限公司、贵南丰润草业有限责任公司、青海门源种马场等为主的企业也积极开展多年生牧草种子生产，主要以同德短芒披碱草、青海冷地早熟禾等品种为主。

（二）草种经营主体建设及经营现状

1. 草种经营主体建设情况

青海省规模较大的多年生草种子生产基地主要以国有牧场为主。截至 2019 年年底，各类草种子繁育基地共 1.3 万 hm^2。其中，有资质的草生产企业 59 家，包括草种子生产企业 5 家，主要以国有牧场为主；牧草种子经营企业 54 家，主要为私营企业。

从事饲用燕麦种子生产和经营企业有 9 家，主要为青海湟中天兴草业有限公司（市级龙头企业）、青海凯瑞农牧业有限公司（市级）、青海绿青新科技有限责任公司、青海绿地生态有限公司、青海茂源生态有限公司等。主要开展多年生牧草种子生产的企业有 4 家，分别为青海省牧草良种繁殖场、青海现代草业发展有限公司、贵南丰润草业有限责任公司、青海省门源种马场等。

2. 草种经营现状

青海省草种经营企业一方面通过自己种植生产一部分种子，主要是二级种子田的建设工作，但种植面积很有限，大部分经营种子通过收购当地合作社或草种生产企业（合作社）种子，并通过清选、加工、包装后进行销售。企业在经营过程中，除了满足青海生态环境治理和草牧业发展中饲草料基地建设的种子需求，同时还为西藏自治区、四川省、甘肃省、内蒙古自治区等地的生态环境治理和草牧业发展提供优良种源。

（三）草种供求现状

1. 饲用燕麦种子生产供求现状

经过多年产业发展，青海省已形成了东部农业区以燕麦种子生产为主、环青海湖地区以燕麦和箭筈豌豆进行混播饲草生产为主、三江源地区以燕麦青干草为主的燕麦种植区域格局。燕麦已经成为青藏高原农牧民种植饲草料的当家草种，也是高寒牧区饲草料生产基地和广大牧民群众利用“圈窝子”生产“抗灾保畜”优质饲草的主导品种。燕麦饲草的大面积推广种植，为青藏高原草原畜牧业的稳定发展发挥了重要作用。2019 年，青海省燕麦种植面积 12.7 万 hm^2，主推品种 9 个，分别为白燕 7 号、青海 444 燕麦、林纳燕麦、加燕 2 号、青海甜燕麦、青引 1 号、青引 2 号、青引 3 号、青燕 1 号，占产区粮食播种面积的 30% ～ 50%，正常年份单产 3000 kg/hm^2，最高可达 5400 kg/hm^2，年产燕麦良种近 6 万 t。其中，3.5 万 t 左右调往甘肃省、四川省、新疆维吾尔自治区、河北省、西藏自治区、内蒙古自治区、北京市及日本、中国香港特别行政区等地，0.5 万 t 用于燕麦片加工企业进行深加工，1 万 t 左右用于高海拔地区饲草料种植及生态环境保护上的灭鼠饵料，还有 1 万 t 种植户留作种子或饲料。

2. 生态型牧草种子生产供求现状

青海省规模较大的多年生草种子生产基地主要以青海省牧草良种繁殖

场、青海贵南草业有限公司等国有牧场为主。截至2019年年底，各类牧草种子繁育基地有种子田共1.4万 hm^2。其中，青海省牧草良种繁殖场5454 hm^2（披碱草3620 hm^2，青海冷地早熟禾487 hm^2，青海中华羊茅1347 hm^2），青海贵南草业有限公司5293 hm^2（披碱草5107 hm^2，青海冷地早熟禾186 hm^2），青海现代草业发展有限公司1380 hm^2（披碱草1080 hm^2，青海冷地早熟禾100 hm^2，青海草地早熟禾200 hm^2）；青海门源种马场1100 hm^2，青海湖东种羊场613 hm^2，青海省河卡种羊场273 hm^2，只生产披碱草种子。每年生产各类草种9639 t，其中披碱草9403.5 t，青海冷地早熟禾152.1 t，青海中华羊茅38.0 t。

青海省获得草种子生产经营许可证的企业有59家。种子生产经营企业共有成套种子加工设备3套（烘干机、初清机、除芒机、风筛式清选机、窝眼清选机、比重清选机、包衣机、计量包装秤及附属设备），5xcfc-10种子脱芒筛分车45台，牧草种子精选断芒一体机50余台，各企业均有仓库、晒场、加工房、实验室等基础设施。年加工能力不低于2万 t。

牧草种子销售主要以种子经营企业参加政府招投标为主，随着青海草原生态建设力度的加大，省内生产的各类草种基本全部送至全省各地进行草原生态治理，只有少量的部分种子销往西藏自治区、甘肃省、四川省、内蒙古自治区等省外地区。

（四）建设草种产业的优势与条件

1. 具有适宜优良草种生产的自然条件

青海省兼具了青藏高原、内陆干旱盆地和黄土高原的三种地形地貌，汇聚了大陆季风性气候、内陆干旱气候和青藏高原气候的三种气候形态，地区间差异大，垂直变化明显。年平均气温 -5.1～9.0℃，降水量为15～750 mm，绝大部分地区年降水量在400 mm以下。日照时间长、辐射强；气温日较差大，年较差小；降水量少，地域差异大。这种气候条件下生产的草种具有千粒重大、籽粒饱满、质量高、病虫害少的特点，草种子生产的规模和水平在全省乃至西北地区处于领先地位。特别适宜喜冷凉、抗寒、抗旱和耐盐碱的燕麦、早熟禾、披碱草、羊茅和星星草等草的生长。

2. 具有丰富的草种质资源和保护工作基础

青海省是全国五大牧区之一，不仅地域辽阔，而且自然生态环境存在明显差异，为天然草原的多样性和丰富性提供了保障。据统计，青藏高原共有野生和栽培的维管束植物 222 科，1543 属，9596 种（包括种以下类群）。其中，蕨类植物 44 科，116 属，572 种；裸子植物 8 科，17 属，85 种；被子植物 170 科，1410 属，8939 种，被子植物中的双子叶植物 145 科，1094 属，7304 种，单子叶植物 25 科，316 属，1635 种。这些物种中不仅有适宜发展草牧业所需的优良饲草，也有适宜生态环境治理所需的生态用草种，还有很多药用价值、观赏价值的优良植物种质资源。丰富的野生草种质资源是高原物种的基因库，是发展草产业的资源优势所在。充分利用这些优良草种质资源，选育的优良草品种，可作为粮改饲、草牧业政策的实施和国家生态环境治理的主导草种。

草业科技工作者系统开展了优良草种质资源收集和抗逆草育种工作，从种质资源野外收集、引进、评价、保存、开发和创新利用出发，在资源圃建设、种质资源低温库建设、种质资源共享服务平台建设，在抗逆草新品种选育，优良草品种种子生产关键技术研究和人工草地建植技术研究等方面都取得了一系列成果，积累了丰富的工作经验。已经通过审定登记的新品种有环湖毛稃羊茅、环湖寒生羊茅、青牧 1 号老芒麦、同德短芒披碱草、青海中华羊茅、青海冷地早熟禾、青海扁茎早熟禾、青海草地早熟禾、同德老芒麦、同德小花碱茅等。

3. 具有良好的政策环境

习近平总书记在考察青海省时提出，“青海最大的价值在生态、最大的责任在生态、最大的潜力也在生态”。青海省作为“三江之源”“中华水塔”和“国家重要的生态安全屏障”，气候调节和物种保有等功能性价值不可估量。国家先后出台了草牧业、粮改饲等重大战略政策，青海省委省政府提出了“一优两高”、国家公园省建设、绿色有机农畜产品示范省建设、祁连山生态环境治理工程、三江源生态环境治理工程、木里煤矿生态环境综合整治等政策，政策的实施都需要开展退化草地改良、高产优质人工草地建植、生态修复等工作，在这些环节中，优良草品种缺乏是制约工程实施的瓶颈。

（五）国家与当地政府对推进草种产业发展的政策扶持

大力发展中国草种业必须科学谋划、加强管理、健全机制、整合资源、创新驱动。其中，国家从强化顶层设计、重视基础研究、加快育种体系建设、增强国产草种供给能力和加强草种监督管理等方面全面加速中国草种业发展。随着生态文明建设的不断推进，对优良草种的需求将越来越大。从国际上看，只有建立起自身强大的草种产业，才能在未来竞争中掌握全球市场和产业的制高点，从根本上改变受制于人的被动局面，赢得产业发展的主动权。2019 年，中央一号文件明确提出“加快选育和推广优质品种”。草种产业是充满生机的朝阳产业，完全可以成为我国草产业的亮点和国民经济发展的新增长点。

加强草种监督管理方面认真贯彻落实《中华人民共和国种子法》和《中华人民共和国草种管理办法》，加大对草种生产和购销环节的管理力度，定期制定全国草种质量监督抽查规划和各级草种质量监督抽查计划，加强草种质量监督检查。加强对进出境种子的检验检疫。编制国家重点保护草种质资源名录，建立国家和地方草种质资源保护区或保护地。规范品种区域试验、生产试验、品种保护测试和品种跨区引种行为。

农业农村部连续印发的《农业综合开发农业部专项项目申报指南》和《青海省生态文明先行示范区建设实施方案》将良种繁育及加工基地项目置于首位，生态补奖政策的实施也将良种补贴落实到位，尤其是国家“三江源生态保护与建设二期”和“三江源国家公园”工程项目的启动，草种作为关系生态治理质量的重要物资，在青藏高原生态环境治理中发挥了重要作用。同时，省财政也通过安排专项支农资金对良种繁育给予了大力支持。相关草良种研究科研院所和生产经营企业积极响应，争取对良种繁育、优势特色示范项目的大力支持，通过该项目进行了良种繁育及加工基地建设，重点加强了多年生草和一年生草等主要良种繁育及加工基地建设。根据制种优势区域布局，支持“育繁推一体化”全面推进种子企业规模化、标准化、集约化、机械化的生产基地建设。

（六）草种产业发展存在的主要问题

1. 优良草种质资源还未得到有效保护

青藏高原草种质资源十分丰富，但对草种质资源的研究利用相对落后。青藏高原地区对草种质资源的研究工作主要停留在考察、收集、鉴定、评价和保存等方面，对重点草种资源缺乏全面考察、广泛收集和系统评价；未对异花授粉的草种进行隔离扩繁；现代生物技术的应用还未进行种间、种内变异的系统研究；对优良草种质资源遗传多样性的研究也较少；鉴定筛选出的优异草种质资源很少，很难满足育种工作的需求。青海省虽已收集到各类优良草种质资源近 5000 份，具有一定数量规模，但只涉及禾本科、豆科近 20 个属 117 个种的优良草种质资源。其他科属的优良草种质资源还未得到有效保护，尤其是对禾本科披碱草属、早熟禾属、羊茅属等优良草种质资源还没有收集全面，有药用价值的种质资源、对青藏高原高寒草地优势物种的莎草科种质资源、珍稀濒危物种和对高寒区极端气候条件地区的种质资源收集等方面还比较薄弱。因此，急需加强青藏高原优良草种质资源的收集、保存工作。

2. 草种质资源利用率较低，缺少优良品种

青海省草种质资源保护和利用尚处于收集、保存层面，大部分种质资源未得到有效的保存和利用。收集到的种质材料存在遗传特性不清、利用价值不明、开发利用困难等问题。针对草种质资源仅开展了农艺性状、适应性评价等工作，对资源的系统鉴定和深入研究比较缺乏，无法支撑优良草品种的选育工作。同时受保存条件的影响，很多资源存在活力丧失等问题。虽然已审定登记的各类优良草品种达到 23 个，但仍然无法满足生态环境保护和草牧业发展的需求。对此，应该充分利用现有优良草种质资源，继续加强优良草品种的选育工作。

3. 育种技术落后和新品种无法满足产业发展需求

青海省审定登记的草品种以禾本科为主，主要集中在燕麦、披碱草属、早熟禾属和羊茅属等方面，在适宜青藏高原推广种植的豆科苜蓿属、黄芪属、锦鸡儿属、红豆草属、豌豆属、野豌豆属、岩黄芪属、扁蓿豆属、禾本科冰草属、鹅观草属、㟁草属、发草属、翦股颖属、雀麦属、赖草属等育种方面比较欠缺。青海省地域辽阔，不同生态区域发展饲草产业和生态环境治理对品种的需求不同。青海省虽然已审定登记了多个优良草品种，但育种水平相对落后，主要以常规育种方法为主，包括引种、选择育种、综合品种、杂交育种等，育种周期长、育种效率低。存在专用型燕麦品种缺乏，适宜青藏高原高海拔地区种植的豆科草品种缺乏、适宜生态治理所需的草品种少，无法满足生态治理需求等问题。急需在饲用燕麦、豆科草和生态型草品种选育方面加强工作。

4. 忽视种子生产关键技术的特殊要求

草种子生产对生产地区、播种、收获等方面的要求与草生产截然不同，且在种子生产过程中存在易倒伏、种子成熟不一致、落粒性等问题，以及许多生产环节的关键技术尚不成熟，均在一定程度上成为提高种子产量和质量的限制因素。青藏高原地区草种子生产关键在于加强小粒草种子田建植技术、多年生草种子田高产稳产技术、草种子适时收获技术、饲用燕麦种子田精量播种施肥技术、草害防控技术、提纯复壮技术等方面的研究。

5. 种子生产的基础条件差，效益低

青海省专业化的草种子生产虽然具有了一定的规模和机械化程度，但田间管理粗放导致种子产量低、质量差，造成单位面积的比较效益明显低于其他农作物和经济作物。同时，受投入资金、生产单位体制和种子生产比较效益制约，只能选择偏远贫瘠的弃耕地、撂荒地或低产田作为制种田，这在一定程度上增加了生产管理的难度。即便能够在农田上进行种植生产，但受土地价格不断上涨的影响，生产成本高启的压力也让种子生产者难以承受。另外，在种子生产中虽然配备了一定的机械设备，但缺少与之相配套的播种、收获及加工机械，种子损失严重，造成种子田产量难以提高和质量无法保证。再加上生产管理成本高，常导致种子生产企业入不敷出，经济效益差，难以达到设计要求和维持正常的生产经营。

（七）建设国家草种生产带的建议

青海省区域由于独特的气候和地理优势，在东部农业区的西宁市、海东市海拔 2400 ～ 2800 m 地带适合饲用燕麦种子生产，青海省环湖和三江源水热条件较好的地区适合多年生牧草种子生产。青海省作为冷季型禾草

育种和种子生产重要基地，无论从国家生态保护战略还是国家整体草种业发展趋势，青海省都应作为冷季型草种业发展重点区域，从而实现因地制宜发展高原草种业的目标，率先在全国创新打造首个青藏高原绿色冷季型草种业生产区。

二、草种业建设可行性分析

（一）项目建设的必要性与意义

长期以来，牧草种子作为改良退化草地、建植人工草地和提高草地畜牧业生产的物质基础，在草原建设和畜牧业经济发展中发挥了重要作用。进入 21 世纪以来，政府各级部门和广大群众对生态环境保护更加重视和关注，退牧还草工程、京津风沙源治理工程、良种繁育基地建设工程、天然草原改良、草原生态保护补助奖励制度等项目的实施，需要大量具有抗逆高产特性的草种子。随着草牧业、粮改饲政策的出台，党中央提出统筹山水林田湖草系统治理的方针，更为振兴我国民族种业指明了方向。

青海省兼具了青藏高原、内陆干旱盆地和黄土高原的 3 种地形地貌，汇聚了大陆季风性气候、内陆干旱气候和青藏高原气候的 3 种气候形态，地区间差异大，垂直变化明显。牧草种子生产的规模和水平在全省乃至西北地区处于领先地位。特别适宜喜冷凉、抗旱和耐盐碱的燕麦、早熟禾、披碱草、羊茅和星星草等牧草的生长。充分利用这些优良牧草种质资源，积极推进草种业发展，可为粮改饲、草牧业政策的实施和国家生态环境的治理提供草种资源。

青海省委省政府提出的“一优两高”、三江源国家公园建设、绿色有机农畜产品示范省建设、祁连山生态环境治理工程、三江源生态环境治理工程、木里煤矿生态环境综合整治等政策的实施，都需要开展退化草地改良、高产优质人工草地建植、生态修复等工作，草种业发展态势是直接决定工程是否顺利实施的关键所在。因此，促进草种业的高效健康发展对确保青藏高原生态治理和草牧业发展具有非常重要的意义。

（二）产业建设的可行性分析

1. 资源条件的可行性

青海省处于青藏高原东北缘，具有独特显著的高原大陆冷性气候特征，海拔较高、空气稀薄、干燥清洁、透明度好，光照充足，冬寒夏凉，日温差大。同时，气温较高、干旱少雨、年降水量仅为 300 ～ 320 mm，集中在 5 ～ 9 月，占年总降水量的 86%，可以满足冷季型禾草生长发育的光热需求。

青藏高原植物种植资源丰富，包含 10 属以上的大科有藜科、石竹科、毛茛科、十字花科、蔷薇科、豆科、伞形科、龙胆科、紫草科、茄科、玄参科、菊科、禾本科、百合科和兰科等，包含 20 属以上的大科为禾本科、菊科、十字花科、毛茛科和豆科等。青海省富含禾本科、豆科近 20 个属 117 个种的优良草种质资源。利用草种质资源成功筛选出垂穗披碱草、老芒麦、羊茅、冷地早熟禾、草地早熟禾等优良草品种。其中，青海草地早熟禾、同德短芒披碱草、青海冷地早熟禾和青海中华羊茅已大面积生产应用，为草种业持续发展奠定基础。

2. 技术支撑的可行性

1）牧草育种技术支撑

青海省畜牧兽医科学院作为青海省唯一的牧草育种科研单位，先后育成青海 444 燕麦、苏联甜燕麦、青引 1 号燕麦、青引 2 号燕麦、青引 3 号莜麦、玉树莞根 6 个国家审定的一年生牧草新品种和青燕 1 号、林纳、青莜 3 号、白燕 7 号 4 个省级审定燕麦新品种。同时，育成多叶老芒麦、短芒老芒麦、冷地早熟禾、扁茎早熟禾、中华羊茅、西北羊茅、毛稃羊茅、贫花鹅观草、短柄鹅观草、同德小花碱茅等 20 种优良草种。另外，通过申请农业科技成果转化项目、单位自筹等形式，建立新品种的原种田、繁育田和种子生产田，为市场提供优良牧草种源。累计建立同德短芒披碱草种子生产田 2667 hm^2、青海扁茎早熟禾 133 hm^2、同德小花碱茅 180 hm^2。5 年累计生产牧草种子 0.99 万 t。同时，在青海省东部农区、川西北及西藏日喀则等地建立燕麦种子生产基地，累计建立燕麦种子生产田 5.82 万 hm^2，生产燕麦种子 24.44 万 t。

2）种子生产加工企业的技术支撑

青海省专业化的牧草种子生产企业主要是以国有牧场为主，经过了多年的建设和发展，在草种子生产、加工等方面技术水平得到大幅度提高。在种子生产规模化、机械化方面处于国内领先的状况。青海省牧草良种繁殖场是青海省最大的牧草种子生产、科研、加工基地，有较先进的草种子精选加工车间，具备了一定的品种选育、种子生产和加工规模，每年稳定的草种子田近 4000 hm^2，正常年景生产的短芒披碱草等种子近 3000 t，青海冷地早熟禾、青海中华羊茅种子 600 t。此外，种子生产加工企业具有的种子烘干、除芒、清选、包衣、计量等成套设备，以及仓库、晒场、加工房、实验室等基础设施，可为草种业专业化和市场化建设提供支撑。

3. 市场投资和草产业发展的可行性

针对青藏高原畜牧业发展中面临的饲草料严重不足问题，构建了披碱草和燕麦核心种质，选育登记了“双高双抗”和“双高一早”的新品种，在青藏高原生态环境治理和草产业发展方面有了重大突破，新品种在植被恢复、退化草地重建、固土保水等方面发挥了良好的效果。在青海省、西藏自治区、川西北等地区利用选育的新品种和配套技术，建立饲草料基地，缓解高寒牧区冷季缺草的被动局面。

随着“退耕还林还草”“草原恢复与建设”“草地退化、沙化治理”等一大批生态建设项目的先后启动，青海省年需多年生牧草种子 9700 t。随着草地改良和生态治理迅速发展，对草种需求也急剧增加，草种缺口大，市场供不应求，这种态势不仅成为限制草产业发展的瓶颈，也为草种业市场带来了巨大的市场发展潜力。

4. 组织模式的可行性

青海省草种业发展是与国家的政策要求同步的，在种子生产基地建设、规模化和机械化水平上都有多年的实践与积累，尤其是以国有牧场为主的种子生产经营组织模式，在青藏高原种子生产方面具有一定代表性。如何科学组织规范管理，发挥国有牧场在现代草种业发展的重要作用，是形成草种专业化生产带的重要环节。充分挖掘利用国有牧场土地资源、人力和设备资源的优势，切实提高企业商业化育种能力，建立和完善良种繁育体系，引进人才和种质资源，发展育繁推一体化的龙头企业，对推动种业技术水平，拓展新品种市场具有得天独厚的优势。

以国有牧场为主的种子生产经营组织模式也为管理机制的升级改造提供了操作平台。在现有的良种生产经营企业基础上，针对现代草种业发展要求，通过市场化的重组优化、资源整合，进一步转换经营机制，推进草种良种经营行业电子商务信息系统建设，引导和支持育繁推一体化企业建立稳定的现代化种子生产基地，形成区域化、特色化、规模化的现代种业生产基地新格局。

（三）建设思路、区域布局与产业模式

1. 建设思路

以“因地制宜，突出特色”为核心建设思路，形成以短芒老芒麦、多

叶老芒麦、青海冷地早熟禾、青海中华羊茅、扁茎早熟禾、披碱草为核心种植区的同德多年生牧草良种繁殖基地，以湟中县全县种植并辐射海东部分地区的燕麦良种繁殖生产，以青海省铁卜加草原改良试验站、青海省畜牧兽医科学院草原所、果洛州大武草籽场、海东地区燕麦种子生产田等优良牧草种质资源选育和扩繁的牧草种子生产建设思路。

2. 区域布局

按照“优势区域、企业主体、规模建设、提升能力”的原则，科学规划建设种子生产基地，打造种子生产优势区，全面加强基地建设，形成稳定的种子生产能力。建立联动协调机制，强化基地管理，优化基地环境。

青海省草种生产主要布局在东部和环湖两个区域（图 9）。其中，东部地区建立一年生饲草和豆科草良种繁育基地，重点繁育生产燕麦、箭筈豌豆、毛苕子等优良一年生禾本科草和豆科草良种；环湖地区建立多年生草良种繁育基地，重点生产青牧 1 号老芒麦、同德老芒麦、同德短芒披碱

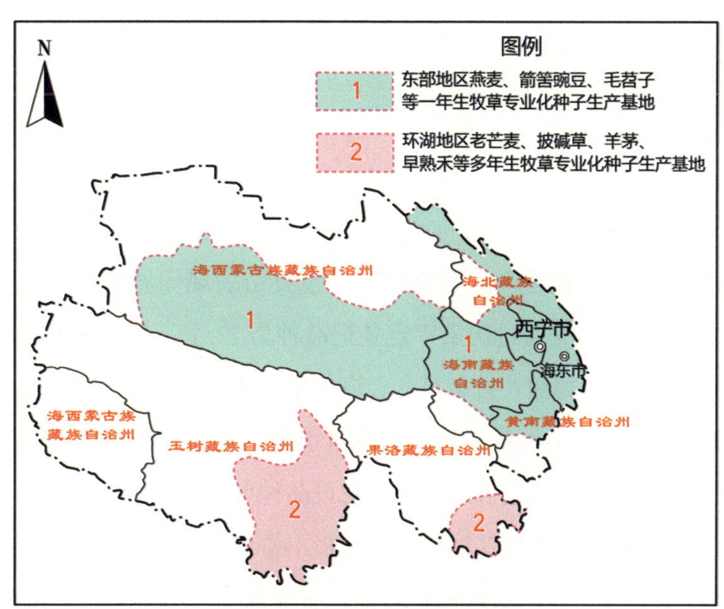

图 9　青海省草种生产建设布局

草、青海中华羊茅、青海草地早熟禾、青海冷地早熟禾等已经审定通过的多年生禾本科草新品种种子。

3. 建设模式

建立以企业为主体，科研院所和高等院校提供科技支撑的草种业推进新模式。鼓励科技资源向企业流动，促进产学研紧密结合，加强草种业自主创新和合作。充分发挥草种生产企业在商业化育种、成果转化与应用等方面的主导作用。鼓励种子企业整合草种业资源，通过政策引导带动企业和社会资金投入，推动种子企业做大做强。重点支持生产牧草种子发展，兼顾重要生态草种。重点加强省级种子生产基地建设，兼顾个体种子生产基地，确保种子生产总量和结构平衡。完善法律法规，营造统一开放、公平竞争的草种业发展环境。重点支持具有育种能力、市场占有率较高、经营规模较大的种子企业，鼓励企业兼并重组，吸引社会资本和优秀人才流入草种生产企业。

（四）风险因素及对策

1. 风险因素

1）牧草品种单一

在青海省选育的多年生优良草品种主要由表现优异的本地野生草种驯化而来，虽然已有通过国家审定登记品种为 13 个，但是现用于规模生产的草品种仅有同德短芒披碱草、青海中华羊茅、青海冷地早熟禾 3 个品种，国内外引进多年生草品种在青海省境内因表现不佳已放弃引进。因此，青海省草原生态修复和人工草地建设品种单一、自给率较低，与不断加大人工草地种植面积的实际生产状况极不协调，严重制约草牧业的快速健康发展。另外，在草品种选育方面，主要采用人工筛选的方法进行育种，育种周期长、效率较低。

2）品种转化率利用

青海草种子主要以政府采购为风向标进行规模生产，虽然已有 13 个已通过国家审定登记的品种，但除了生态建设项目需求量较大的草品种，其他草品种基本不进行商品种子生产，如同德贫花鹅观草、青海扁茎早熟禾、扁穗冰草等多年生草育成品种。加之缺少标准化龙头企业资本注入，草种子生产、加工、销售缺乏先进的管理经验，多种因素造成自主品种转化率低。

3）草种子生产企业竞争能力弱

各级政府及种子繁育企业对草种良种繁育基地建设方面投入有限，除了青海省牧草良种繁殖场、青海贵南草业有限公司基础设施和生产加工设备初具规模，其他草种子生产加工企业多为小微型企业，生产加工设备缺乏，社会资本注入较少，生产经营基础设施薄弱，草种良种繁育面积及销售量年度起伏较大。即使在专业化生产的国有农场内，草种子生产和销售主要采用传统的粗放式生产和经营管理模式进行，单位草种子生产投入成本较高，产品附加值低，市场竞争能力较差。

4）草种子市场监管力度不够

草种子市场缺乏强化企业执行标准能力和产品质量的检测能力，未建立各种有代表性的实验室、产品检测中心。由于多数种子生产者在生产过程中田间粗放管理、不除杂、不设隔离带，更有大多数种子为农民采自非种子田，加之种子收获及精选的技术落后，缺乏必备的机具，所产种子大部分为异种子及净度和发芽率低的不合格种子。这些种子在市场上流通，严重影响了草产品的质量，也造成了一些不必要的损失。而且，许多种子经营者出售种子时不提供任何质量和产地证明。尤其是在青海省大力推动草原生态修复的过程中，草种子供应十分紧张，价格也极不稳定。更有一些经营者不遵守关于草种子的有关法律法规，随意收购质量差的劣质种子，掺杂进口种子，甚至将一年生进口种子充当多年生种子以牟取暴利，严重干扰了草种子市场的正常秩序，给草原建设造成极大危害。

2. 对策

1）完善草新品种的育种机制

针对草品种培育手段落后、育种年限长、新品种产出少、新品种保护意识薄弱、品种权保护力度不足、品种培育与推广不一致、育种科研机构经费支持力度较低等现状，积极完善种业科研机制，构建以科技创新为推动力的新型种业体系，鼓励"育繁推一体化"种子企业与优势科研院校强强合作，整合现有育种力量和资源，充分利用公益性研究成果，按照市场化、产业化、标准化育种模式开展品种研发，逐步建立以企业为主体的商业化育种新机制。

2）优化品种种植结构和布局

根据区域优势，调整现有牧草种子扩繁的区域种植结构，重点扩繁种植面积较小的青海冷地早熟禾、中华羊茅等小粒草籽规模，减少现有种植规模较大的同德短芒披碱草面积，适当开发已经通过国家审定登记而未扩繁过的品种，以解决当前牧草种子品质单一、草原生态修复用种不足等问题。

3）加强良种繁育基地建设

加强政策引导，切实提高企业商业化育种能力，支持"育繁推一体化"种业企业建立科研育种基地，通过设施配套、技术更新，巩固发展现有良种繁殖基地的建设规模，适度扩大牧草良种繁育基地的建设规模，建立标准化、产业化的良种生产基地，提高种子专业化生产水平和综合生产能力，使草种子产量和品质得到保证，满足全省各项草地生态保护和综合治理用种需求。

4）全面提升企业生产竞争力

积极培育草种子生产的龙头企业，全面提升种子生产机械化、规模化、集约化、标准化及精细化管理程度，加强新品种保护意识和品种权保护力度，支持企业自主创新品种推广，推动企业快速发展。扶持龙头企业建立现代化种子生产基地，形成区域化、特色化、规模化的现代种业生产企业，提高省内外的市场占有率，大力拓展新品种的国内市场。

5）建立草种产业联盟

由草种经营龙头企业牵头，会同全省经营或生产草种企业组建成立草种子产业联盟，进一步规范草种企业的运行，及时准确掌握草种行业的生产规模、储备数量、市场需求及经营情况，做到信息互通，更好地为青海的现代草产业发展服务。

6）完善种业市场管理与监督机制

加大草种子检验检测机构、草种质量认证等检测体系的建设，加强草种子市场管理，增强执法监管力度，全面实行三证一照制度。限制无照经营，净化草种子市场，杜绝伪劣草种的生产及在市场上的流通，对一些违犯有关法律法规的经营者要依法严罚，保障种子生产、经营、使用者的合法权益，改善目前草种子经营的混乱局面。

7）建立统一的草种质量合格证标识

为使草种的来源有据可查、有标可依，在草种产业联盟的主导下，对所经营销售的草种制定统一的合格证标识，标明产地、净度、发芽率、时间及重量等内容，按照各牧场或企业销售数量按批次发放合格证，并将发放数量登记在册，在今后管理中可做到有据可查。

（五）结论

通过青海省草种业发展可行性研究，突出高原地区冷季型禾草种子专业化生产的地域特色，构建符合高原特色的现代生态农牧业发展的种业科技创新体系、企业发展体系、管理服务体系、良种繁育体系和品种资源保护利用体系。以提升种业实力、保障供种安全为重点，以维护生物多样性为核心，以服务高原特色现代生态农牧业为统领，以建设现代种业体系为主线，以农牧业增效、农牧民增收为目标，以体制机制创新为动力，加快构建以产业为主导、企业为主体、基地为依托、产学研相结合、育繁推一体化的现代良种繁育体系，着力提升种业科技创新能力、企业竞争能力、供种保障能力和市场监管能力，全面提高草种业发展水平，为高原特色现代生态农牧业持续发展提供有力支撑。

主要参考文献

[1] 郭思加. 宁夏草地资源与牧草种植 [M]. 银川：宁夏人民出版社 1989.

[2] 洪绂曾. 中国多年生栽培草种区划 [M]. 北京：中国农业出版社，1989.

[3] 侯向阳. 中国草原科学 [M]. 北京：科学出版社，2013.

[4] 李新一，王加亭. 中国草业统计（2017）[M]. 北京：中国农业出版社，2018.

[5] 李克昌，吴源清. 宁夏草业科学研究 [M]. 银川：宁夏人民出版社，2007.

[6] 李克昌，郭思加. 宁夏主要饲用及有毒有害植物 [M]. 银川：阳光出版社，2012.

[7] 毛培胜，陈志宏. 牧草种专业化生产的地域性 [M]. 北京：中国农业出版社，2018.

[8] 全国畜牧总站. 草牧业分析报告 [M]. 北京：中国农业出版社，2020.

[9] 任长忠，胡跃高. 中国燕麦学 [M]. 北京：中国农业出版社，2013.

[10] 王连喜. 宁夏农业气候资源与分析 [M]. 银川：宁夏人民出版社，2008.

[11] 周青平. 高原燕麦的栽培与管理 [M]. 南京：江苏凤凰科技出

版社，2014.

［12］白生贵. 青海燕麦种子产业化生产的思考［J］. 农业与技术，2018，38（6）：26–28.

［13］晁德林，张少平. 甘肃省草产品加工业现状及发展对策［J］. 草业科学，2008，25（3）：93–96.

［14］晁德林. 牧草种子基地建设基本经验和措施初探［J］. 草业科学，2006，23（2）：50–53.

［15］陈立坤，杜丽霞，王岩春，等. 我国牧草种子生产现状分析及产业化发展建议［J］. 草业与畜牧，2012（10）：46–49.

［16］戴冠英. 我国苜蓿产品出口前景和当前面临的主要问题［J］. 草业科学，2002，19（8）：71–72.

［17］高海秀，王明利，石自忠，等. 中国牧草产业发展的历史演进、现实约束与战略选择［J］. 农业经济问题，2019（5）：121–129.

［18］古琛，刘佳月，杜宇凡，等. 播量对黄花苜蓿草产量与种子生产的影响［J］. 中国草地学报，2016，38（2）：86–91.

［19］韩燕，张洪江. 新疆优良牧草种质资源及其开发利用［J］. 草原保护与建设，2014（4）：57–58.

［20］李品红. 关于建设牧草种子场的思考与建议［J］. 当代畜牧，2017（21）：46–48.

［21］李秀香. 我国草资源利用与草产业发展问题研究［J］. 企业经济，2020，39（9）：5–13，2.

［22］李旭谦. 浅论青海省牧草种质资源利用现状与保护［J］. 青海草业，2019，28（2）：14–17.

［23］刘文辉，贾志锋，魏小星，等. 青藏高原牧草种质资源保护利用研究［J］. 青海科技，2017，24（1）：32–35.

［24］刘法涛. 禾本科牧草种子收获期和收获方法［J］. 草原与牧草，1986（5）：35–36.

[25] 刘海英，易津. 不同类型华北驼绒藜生殖特性及种子生产性能评价[J]. 种子，2004，23(3)：3–6.

[26] 刘加文. 大力发展中国草种业[J]. 草地学报，2016，24(3)：483–484.

[27] 刘康平. 再论我国当前中小种子企业的困惑与出路[J]. 中国种业，2020(5)：11–13.

[28] 刘文辉，贾志锋，梁国玲. 我国饲用燕麦产业发展现状及存在的问题和建议[J]. 青海科技，2020，27(3)：82–85.

[29] 毛培胜，侯龙鱼，王明亚. 中国北方牧草种子生产的限制因素和关键技术[J]. 科学通报，2016，61：250–260.

[30] 毛培胜，王明亚，欧成明. 中国草种业的发展现状与趋势分析[J]. 草学，2018(6)：1–6.

[31] 麦麦提敏·乃依木，艾尔肯·苏里塔诺夫. 新疆牧草种子产业化的创新之议[J]. 新疆畜牧业，2016(5)：11–13.

[32] 师尚礼，曹致中. 论甘肃建成我国重要草类种子生产基地的可能与前景[J]. 草原与草坪，2018，38(2)：1–6.

[33] 师尚礼. 甘肃省天然草地植物种质资源潜势分析与保护利用[J]. 草业科学，2003，20(5)：1–3.

[34] 宋庆伟，胡宏伟. 兰州地区草产业发展现状及对策[J]. 草业与畜牧，2010(11)：48–51.

[35] 中共中央，国务院. 中共中央国务院关于加大改革创新力度加快农业现代化建设的若干意见[J]. 畜牧兽医科技信息，2015(3)：25–30.

[36] 王加亭，赵恩泽. 我国牧草种子生产情况（2013年）[J]. 中国畜牧业，2015(4)：26–27.

[37] 魏波，王慧君. 新疆牧草种子产业发展现状、存在问题及对策[J]. 江西农业，2016(13)：28–29.

[38] 武志锋，何玉龙，王永福. 酒泉市牧草种业发展情况调研报

告［J］. 青海畜牧兽医杂志，2019，49（5）：53-54.

［39］徐军，于斌，阿拉塔，等. 浇水施肥对华北驼绒藜生长及种子生产影响初探［J］. 畜牧与饲料科学，2012，33（Z2）：58-60+62.

［40］徐胜，张新全，吴彦奇，等. 我国草种业发展现状与对策［J］. 四川草原，2001（4）：7-10.

［41］徐建忠. 青海牧草良种繁殖及牧草种业发展思考［J］. 青海草业，2016，25（2）：22-24.

［42］谢守荣. 干旱区草产业发展的现状与对策［J］. 畜禽业，2014（12）：52-53.

［43］袁春光. 浅议青海省牧草种子业发展［J］. 四川草原，2006（4）：50-53.

［44］于道全，杨长年. 坚持良种先行，大力发展新疆草种业［J］. 新疆畜牧业，2005（2）：52-54.

［45］张榕，李德明，耿小丽，等. 甘肃省草种质资源创新利用评价［J］. 草学，2019（5）：77-80.

［46］赵景峰，哈斯巴特尔，梁东亮，等. 加快我国北方优质草种产业化发展的建议［J］. 草原与草业，2014（4）：3-6.

［47］曾亮，陈本建，李春杰. 甘肃省牧草种业发展现状及前景分析［J］. 草业科学，2006，23（11）：61-65.

［48］朱栋斌，罗富成，文际坤，等. 西南地区农田主要种植草种及种植模式探讨［J］. 草原与草坪，2006，16（3）：17-19.

［49］张万琴. 我国牧草种质资源收集保存现状与对策建议［J］. 中国畜牧兽医文摘，2018，34（5）：20.

［50］刘自学. 草种业现状与发展趋势［C］// 第四届中国草业大会论文集. 北京：中国畜牧业协会草业分会，2016：349-350.

［51］师尚礼，曹文侠. 甘肃省牧草产业发展现状及其技术需求［C］// 第三届中国苜蓿发展大会论文集. 北京：中国畜牧业协会草业分会，2010：

590–597.

［52］董玉林．蒙农红豆草种子发育成熟特性及产量构成因子研究［D］．呼和浩特：内蒙古农业大学，2007.

［53］李海贤．扁蓿豆种子发育特性和种子产量构成因子的研究［D］．呼和浩特：内蒙古农业大学，2006.

［54］李鸿祥．华北农牧交错带地区草木樨生产特性的研究［D］．北京：中国农业大学，1999.

［55］蔺吉祥．松嫩草地羊草种子发育进程、休眠特性及与盐碱耐性关系的研究［D］．长春：东北师范大学，2012.

［56］毛培胜．高羊茅种子发育生理及产量的变化［D］．北京：中国农业大学，1997.

［57］毛培胜．牧草种子发育生理及成熟度、施肥对种子产量和质量的影响［D］．北京：中国农业大学，2000.

［58］余玲．不同品种紫苜蓿种子发育的生理生化研究［D］．兰州：兰州大学，2008.

［59］甘肃省人民政府办公厅．甘肃省草产业发展规划（2012—2020年）［EB/OL］．（2012–11–23）［2020–10–12］．http：//www.pkulaw.cn/fulltext_form.aspx?Db=lar&Gid=f18a2811fc18b0deb15773a20ab99596bdfb.

［60］国务院．“十三五”国家科技创新规划［EB/OL］．（2016–8–8）［2020–10–12］．http://www.gov.cn/zhengce/zhengceku/2016–08/08/content_5098072.htm.

［61］国务院．全国现代农业发展规划（2011—2015年）［EB/OL］．（2012–2–13）［2020–10–12］．http://www.gov.cn/zhengce/content/2012–02/13/content_2791.htm.

［62］国务院办公厅．全国现代农作物种业发展规划（2012—2020年）［EB/OL］．（2012–12–31）［2020–10–12］．http://www.gov.cn/zhengce/content/2012–12/31/content_2750.htm.

[63] 农业部，科技部，财政部，教育部等. 关于扩大种业人才发展和科研成果权益改革试点的指导意见[EB/OL].(2016-7-8)[2020-10-12]. http://www.genetics.ac.cn/ydhz/zhuanyizhuanhuazhidu/201704/t20170418_4777055.html.

[64] 农业部，国家发展改革委，科技部. 全国农作物种质资源保护与利用中长期发展规划(2015—2030年)[EB/OL].(2015-4-29)[2020-10-12]. http://www.moa.gov.cn/nybgb/2015/si/201711/t20171129_6134098.htm.

[65] 农业部. 全国草原保护建设利用"十三五规划"[EB/OL].(2017-1-20)[2020-10-12]. http://www.moa.gov.cn/nybgb/2017/dyiq/201712/t20171227_6129885.htm.

[66] 农业部. 全国草原保护建设利用总体规划[EB/OL].(2007-5-20)[2020-10-12]. http://www.moa.gov.cn/nybgb/2007/dwuq/201806/t20180613_6151895.htm.

[67] 农业部. 全国苜蓿产业发展规划(2016—2020年)[EB/OL].(2017-1-20)[2020-10-12]. http://www.moa.gov.cn/nybgb/2017/dyiq/201712/t20171227_6129812.htm.

附件 1

关于在我国西部六省区建设国家草种专业化生产带的建议

【按】我国是草牧业大国。草种业是国家战略性、基础性产业，在解决我国“食物安全、生态安全、环境安全”方面发挥着重要作用。为深入贯彻 2019 年中央一号文件关于“加快选育和推广优质草种”指示精神，在中国老科学技术工作者协会的指导下，由中国科协创新战略研究院立项支持，新疆维吾尔自治区、内蒙古自治区、宁夏回族自治区、甘肃省、陕西省、青海省六省区老科学技术工作者协会、高校和科研单位 30 余名专家组成课题组，深入六省区实地调研、走访企业，开展了为期一年的调查研究。专家们建议：我国西部六省区自然资源具备与草种生产先进国家相似的条件，应积极发挥六省区资源禀赋优势，尽快建设国家草种专业化生产带。

一、我国草种业发展现状及其问题

一是草种供需矛盾尖锐，安全隐患大。《全国生态环境建设规划（1999—2050）》提出，2011 ～ 2030 年新增人工草地、改良草地 12 亿亩（1 亩 =0.0667ha）；其中，人工种草保留面积达到 4.5 亿亩，改良草原达到 9 亿亩，草种田面积稳定在 145 万亩；预测每年需要草种 70 万 t 以上。目前，全国草种年生产能力不足需求的 15%。其中，城市绿化草种 90% 以上依赖进口，苜蓿、无芒雀麦、冰草等饲用和生态草种 50% 以上依赖进口。

二是良种生产“四化”建设滞后，配套监管制度不完善。与我国农作物种业相比，草种业尚处于起步阶段。草种的良种生产还未达到品种布局区域化、种子生产专业化、种子加工机械化和种子质量标准化的“四化”建设要求。在监管制度方面，《中华人民共和国草原法》《中华人民共和国种子法》中虽然强化了种子市场的监管和行政执法职能，但部门规章中只有《草种管理办法》，缺少草种业发展的支持政策，在土地、投资、税收、招投标等管理政策上难以惠及。此外，缺乏草种质量控制体系和市场监管，尚未建立草种生产认证制度，假冒伪劣种子在市场流通、品种混杂等现象依然存在。

三是草种业科技力量薄弱，产业链条不完整。由于草品种培育、种子生产的专业性和特殊性，在新品种推广中，尚未建立从品种选育、种植、管理、收获、加工等配套研究和生产体系。目前，我国从事草种繁育科研人员少，且集中于高校和科研单位。截至 2018 年，我国共审定登记 559 个新品种，平均每年审定通过 17 个；不仅新品种数量少，而且受限于种子扩繁体系不健全，无法实现由育种家种子到商品种子的专业化生产，因为新品种保存在育种家手中，难以转化。

二、在西部六省区建设国家草种专业化生产带的优势

一是具有建设专业化草种生产带的自然条件。草种生产与饲草生产截然不同，植株开花、授粉到结实的顺利完成与种植区的温度、光照、降雨等气候因子密切相关。新疆维吾尔自治区、内蒙古自治区、宁夏回族自治区、甘肃省、陕西省和青海省六省区属于干旱半干旱地区，具有日照时数长（2500—3500h）、气候干燥少雨（年均降水量小于 150mm），并且拥有先进的节水灌溉技术，非常有利于温带草种规模化生产。对六省区的调研结果显示，草种产量高、质量优，得益于种植区具备光照足、积温高、

结实期气候适宜，且具有可控的补充灌溉条件，在草原区发展乡土草种生产的自然条件优于我国中东部地区。

二是具有长期开展草种生产的工作基础和技术积累。新疆维吾尔自治区、内蒙古自治区、宁夏回族自治区、甘肃省、陕西省和青海省六省区的农业大学和省级科研机构均设有草业学院及科研所，从 20 世纪 50 年代起就开始草业领域的研发工作。至 2017 年，六省区的种子田规模占全国的 77%，生产各类牧草种子 7.0 万 t，占全国种子生产量的 84%。以六省区的高校和研究院作为技术支撑单位，草种产量水平和专业化程度较高，如苜蓿种子大田单产水平可达 899.5kg/ha，高于全国平均水平。目前，种子生产分布于农户、农场、企业等种子生产经营单位，为草种业的振兴培育了发展主体。

三、几点建议

一是将专业化草种生产带建设列入国民经济和社会发展“十四五”规划。在国家草产业布局中，强化种业发展的顶层设计和长远规划，将西部地区专业化草种生产带建设列入国家“十四五”规划，可为实现草种国产化和提升草种业的国际竞争力奠定基础。优化草种专业化生产带布局，在新疆维吾尔自治区的伊犁哈萨克自治州、塔城市、阿勒泰地区，内蒙古自治区的鄂尔多斯市、阿拉善盟，宁夏回族自治区的盐池县、平罗县、原州区、彭阳县，甘肃省的河西走廊，陕西省的榆林市，青海省的海东县等地，建设主要草种生产核心区。在国家规划中，应高度重视并坚决杜绝计划经济时期和改革开放初期对草种业基地建设“撒胡椒面式”的财政支持方式，设立草种业专项支持资金，用于六省区教学、科研单位研究和大企业规模化、专业化生产。构建“以大型企业为载体、以种植基地为依托、以科技创新为支撑，培育一批龙头企业和产业集群”的发展模式，在政策、资金等方面给予重点支持，提升草种业科学与技术的创新能力，提高草种产能和自给能力，增强核心区辐射带动作用，保障优质草种供给，改善大部分草种依赖进口的现状。

二是健全草种业法规政策体系，补齐政策短板。按照党的十九大报告提出的统筹山水林田湖草系统治理的方针和已有的政策，进一步完善与草种业相关的土地、税收、投资等配套政策和促进产业化发展的激励政策及监管措施。加强品种知识产权保护，建立推广符合国内种子生产的三级认证制度，对优良品种的审定和推广给予一定的经费补贴，提高优良品种的市场竞争力，规范种子市场，实现种子销售优质优价。完善草种质量控制与监管政策法规，加强种子质量监督和检测管理体系建设，将草种打假纳入农资打假综合执法工作中，保护优良品种的使用，以及生产者和消费者的正当利益。围绕草种龙头企业制定种子生产的激励和优惠政策，在企业税收、贷款、保险等方面提供优惠和便利，扶持草种龙头企业发展壮大，从根本上解决土地分散、机械化水平低等限制问题，实现种子生产的规模化、专业化，提高种子生产者的经济效益。

三是加强种子产量提升创新工程建设。加快草种专业技术人才的培养，依托西部六省区农业大学草业学院的教学资源，扩大育种专业招生规模，设立行业管理、经营人才培养专业，根据产业需求确定招生规模，从而打造我国草种业高端人才队伍；充分利用涉农的中等、高等职业院校教学资源，设立草种产业技术工人培养专业，尽快解决我国草种产业技工人才短缺问题。加强草种扩繁体系建设，依托我国西部六省区农业大学草业学院和农牧业科研机构的育种家和推广专家，组建国家草种繁育和推广研究中心（或每省区成立分中心），为联合攻关、成果共享、知识产权提供制度保障，为发挥育种专家、种子推广专家的智慧和才能提供组织保障。重点支持在西部六省区建设国家草种种质资源库，加强种质资源收集保存和评价筛选，将育成的乡土品种资源和野生品种资源整合起来，为开展系统的基础种子生产技术研发与示范提供支撑。

咨询专家名单

李寿山　新疆农业科学院原院长、新疆老科学技术工作者协会副会长，研究员

朱进忠　新疆农业大学草业与环境科学学院原院长、新疆老科学技术工作者协会常务理事，教授

毛培胜　农业农村部牧草与草坪草种子质量监督检验测试中心（北京）常务副主任、中国草学会种子科技专业委员会秘书长，中国农业大学草业科学与技术学院教授

隋晓青　新疆农业大学草业学院副教授

张　博　全国牧草品种审定委员会副主任委员、中国草学会牧草遗传育种专业委员副主任委员，新疆农业大学草业学院院长，教授

赵存发　内蒙古自治区农牧业科学院原院长、内蒙古自治区老科学技术工作者协会副会长，研究员

师尚礼　中国草学会副理事长、农业部第一届草种质资源风险评估专家、甘肃农业大学草业学院原院长，教授

李克昌　宁夏回族自治区草原工作站原副站长、宁夏草原学会副会长、宁夏优质牧草首席专家，研究员

曹社会　西北农林科技大学草业与草原学院教授

刘文辉　青海大学畜牧兽医科学院草原研究所副所长，研究员

中国科协创新战略研究院

赵立新　中国科协创新战略研究院副院长，教授

张　丽　中国科协创新战略研究院创新评估所副所长，副研究员

张艳欣　中国科协创新战略研究院，副研究员

赵正国　中国科协创新战略研究院，副研究员

草种调查表

附表一　2000—2018 年国家出资建设各类草种基地情况调查表

序号	立项年份	执行年度	项目名称	投资金额 / 万元				设计建设规模、繁育品种与生产能力				建设与经营主体	保留面积 /hm^2 与生产能力 /t
				合计	中央	地方配套	自筹	基地面积 /hm^2	繁育品种 / 个	生产能力 /t	建设地点		

附表二　2008—2018 年各类草种用量与供种来源调查

省、自治区	牧草用种量与来源			生态建设用种量与来源			绿地建设用种量与来源			备注
	草种种类	数量 /t	来源	草种种类	数量 /t	来源	草种种类	数量 /t	来源	
										来源指：进口或国产

附表三　建成草种子基地运行情况调查表

县、市名称	建设单位	建设年份	经营主体与组织形式	繁育种类与品种来源	种植面积 /hm^2	生产能力 /t	土地权属性质	近 3 年草种子产量 /t

附表四　草种生产带建设自然资源条件调查

县、市名称	气候资源				土地资源			水资源			备注
	≥ 0℃年积温	≥ 10℃年积温	生长季月均气温与湿度 /℃	年降水量 / mm	土壤类型	土地面积 / hm^2	耕作年限	水源类型	可供用量 /m^3	灌溉方式	
											水源类型：包括地下水和地面水

附表五　2008—2018 年种草用种来源调查表

年 份	草种名称	牧草用种				生态用种				绿化用种				备注
		进口 /t	金额 / 万元	国产 /t	金额 / 万元	进口 /t	金额 / 万元	国产 /t	金额 / 万元	进口 /t	金额 / 万元	国产 /t	金额 / 万元	

附　图

2019 年 7 月中国老科学技术工作者协会会长陈至立（左二）、
中国老科学技术工作者协会常务副会长齐让（左一）考察新疆瑞吉兰德牧草种业有限公司

2019 年 7 月中国老科学技术工作者协会会长陈至立（前排右二）、中国老科学技术工作者协会常务副会长齐让（前排左二）考察新疆瑞吉兰德牧草种业有限公司草种生产基地

2018 年 7 月“绿色 创新 精准扶贫——新疆草种业的建设与发展”论坛在新疆维吾尔自治区塔城市召开

2019 年 2 月“我国西北地区建设草种子专业化生产带可行性研究”项目在西安市启动

2020 年 2 月项目组在兰州市召开项目研讨会

2020 年 2 月新疆老科学技术工作者协会会长张国梁（中）、中国科协创新战略研究院副院长赵立新（右一）参加项目研讨会（兰州市）

2020 年 2 月项目组在兰州市召开项目研讨会

2019 年 1 月新疆项目组进行项目研讨

2019 年 6 月由新疆老科学技术工作者协会邀请国内有关高校、研究单位专家进行项目研讨

2018 年 7 月新疆老科学技术工作者协会领导考察内蒙古鄂托克旗赛乌素绿洲草业有限公司苜蓿草种基地

2019 年 7 月新疆老科学技术工作者协会领导考察塔城市草种生产基地建设情况
并与科研人员交流

新疆项目组成员现场考察草种生产基地

2019 年 6 月由新疆老科学技术工作者协会邀请国内有关高校、科研单位专家进行项目研讨，会议期间专家考察了新疆瑞吉兰德牧草种业有限公司

2019 年 6 月在乌鲁木齐市召开项目专家咨询会

甘肃省项目组成员现场考察草种生产基地

甘肃省项目组成员现场考察草种生产基地

宁夏老科学技术工作者协会主持本区草种子生产带建设项目启动会

宁夏回族自治区项目组成员在海原县锦彩草畜合作社调研种子需求情况

宁夏回族自治区项目组成员在彭阳县荣发草业公司草种基地调研

陕西省项目组成员现场考察关中地区草种子生产基地

内蒙古自治区项目组成员在鄂尔多斯市鄂托克旗甘草基地调研

内蒙古自治区项目组成员在亿利集团“中国西北沙生植物种质资源库”调研

青海省项目组成员在贵南县现代草业公司调研牧草种子清选情况

青海省项目组成员在湟源县燕麦种植合作社调研燕麦种子生产情况

种子田精量播种

苜蓿种子收获

种子田杂草防控

草种加工

披碱草种子田

老芒麦种子田

苜蓿种子田

早熟禾种子田

燕麦种子田

苏丹草种子田

后　　记

2020年12月，中央经济工作会议召开，确定了2021年经济工作总体要求和政策取向，部署重点任务，为开局“十四五”、开启全面建设社会主义现代化国家新征程定向领航。会议提出了经济工作的八项重点任务。其中，“种子和耕地问题”得到空前重视。会议提出：加强种质资源保护和利用，开展种源“卡脖子”技术攻关，加强种子库建设，尊重科学、严格监管，有序推进生物育种产业化应用，提升种业核心竞争力，立志打一场种业翻身仗。中国草种产业将迎来重大的发展机遇和挑战。

在中国老科学技术工作者协会的组织、指导下，中国科协创新战略研究院设立专项资助，由新疆维吾尔自治区、内蒙古自治区、宁夏回族自治区、甘肃省、陕西省、青海省六省区的老科学技术工作者协会，以及部分高校和科研单位40余名专家学者，组成专家组开展了近3年的调查研究工作，顺利完成《在西部六省区建设国家草种专业化生产带的建议》和可行性研究报告。专家组对我国和六省区相关数据做了较为详细的统计，其中有3组数据值得高度重视：其一，《全国生态环境建设规划（1999—2050）》提出，2011—2030年新增人工草地、改良草地12亿亩；人工种草保留面积达到4.5亿亩，改良草原达到9亿亩，草种田面积稳定在145万亩；预测每年需要草种不低于70万t；目前，全国草种年生产能力不足需求的15%。其二，城市绿化草种80%以上依赖进口，苜蓿、无芒雀麦等饲用草种50%以上依赖进口，主要进口国是美国、加拿大和新西兰。其三，截至2018年，我国共审定登记559个新品种，平均每年审定通过

17 个品种，与先进国家的育种水平差距巨大；全国育种专家不足 200 人，且育种队伍出现断层现象；能够自主研发的企业数量更少。上述数据表明，“种源卡脖子问题”在我国草种业领域尤为严重。

习近平总书记在中央经济工作会议的重要讲话体现了对复杂形势的科学把握、对发展规律的深刻洞察、对发展目标的精准谋划，为全面推进我国经济的高质量发展提供了根本遵循，同时为我国种业发展指明了方向。因此，承接中央经济工作会议的东风，面对复杂多变的国际形势和国内草种业供给侧和需求结构型改革的要求，延伸产业链、提升价值链、稳定供应链，以创新的精神加快西部六省区国家草种专业化生产带建设。西部六省区具备建设国家专业化草种生产带的基础；建设国家专业化草种生产带，逐步实现草种国产化，“中国草用中国种”是解决好种源“卡脖子”问题、为国家补齐草种业短板、实现国家草业安全重大战略部署的重要条件；草种业在我国是一项极具发展潜力的朝阳产业。建设好专业化生产带，“立志打一场种业翻身仗”，使我国由进口国转变为出口国，创建世界一流水平的草种业生产国势在必行。

人才兴，则草业兴；企业兴，则产业兴。每一位专家学者、每一位企业家都应肩负起历史重任，坚持以习近平新时代中国特色社会主义思想为指导，越是挑战复杂严峻，越要振奋精神，齐心协力、开拓进取，为牢牢把握我国草种产业发展的自主权，为实现“中国草用中国种”的目标贡献自己的力量。